知りたいことがすべてわかる

宝石・鉱物図鑑

新星出版社編集部：編

新星出版社

自然界が生み出す
美しい芸術品

―――――

歴史を遡ると、メソポタミア、エジプトなどの古代文明の時代から
「装飾品」として石は使われ始めました。
以来、現代までずっと石は「美しいもの」として、
常に人間のそばにあり続けています。

現代において宝石とは、「美しさ」と「永続性」を兼ね備えたものというのが
共通認識です。加えて、「希少性」「天然であること」も価値を高める要素。
ただその一方で、合成石や処理の技術も上がり、
限られた天然資源を守るという意味では、その意義も高まっているともいえるでしょう。

「美しいものに惹かれる」のは、人間の本能ともいえます。
その意味で、私たちは宝石や鉱物の虜になってしまうのでしょう。
本書では、その「美しさの秘密」をできるだけわかりやすく、
噛み砕いた表現でまとめました。

原石、ルース、ジュエリーのそれぞれの美しさを伝えるべく
載せた写真の数々もご堪能ください。写真掲載にご協力いただいた皆様には、
この場を借りてお礼申し上げます。

白・透明の宝石

赤い宝石

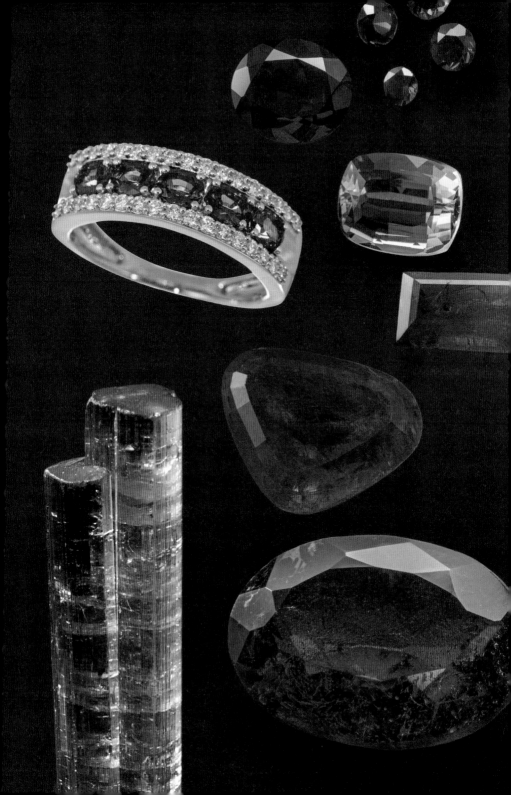

青い宝石

黄・橙の宝石

緑色の宝石

白・透明の宝石

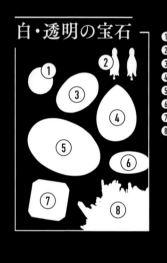

1. ファントムクオーツ（P.107）
2. クオーツ（P.105）
3. フェルスパー（P.128）
4. クオーツ（P.104）
5. ホワイトオパール（P.123）
6. ウォーターオパール（P.125）
7. デンドリティッククオーツ（P.107）
8. クオーツ（P.104）

赤い宝石

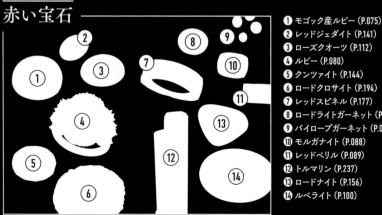

1. モゴック産ルビー（P.075）
2. レッドジェダイト（P.141）
3. ローズクオーツ（P.112）
4. ルビー（P.080）
5. クンツァイト（P.144）
6. ロードクロサイト（P.194）
7. レッドスピネル（P.177）
8. ロードライトガーネット（P.094）
9. パイロープガーネット（P.092）
10. モルガナイト（P.088）
11. レッドベリル（P.089）
12. トルマリン（P.237）
13. ロードナイト（P.156）
14. ルベライト（P.100）

青い宝石

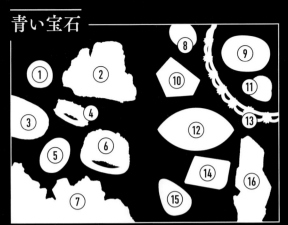

❶ トルマリンキャッツアイ（P.099）
❷ クリソコラ（P.160）
❸ ターコイズ（P.182）
❹ アパタイト（P.186）
❺ ホークスアイ（P.113）
❻ コバルトスピネル（P.177）
❼ セレスタイト（P.242）
❽ アズライト（P.193）
❾ サファイア（P.077）
❿ アウイン（P.153）
⓫ サファイア（P.080）
⓬ パライバトルマリン（P.101）
⓭ サファイア（P.067）
⓮ インディゴライト（P.100）
⓯ ラリマー（P.162）
⓰ ユークレース（P.137）

黄・橙の宝石

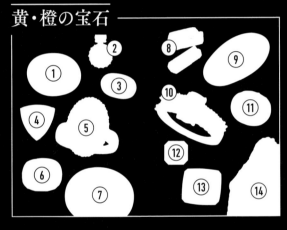

❶ シーライト（P.187）
❷ スファレライト（P.190）
❸ スペサルティンガーネット（P.094）
❹ カナリートルマリン（P.101）
❺ ファイアーオパール（P.124）
❻ グロッシュラーガーネット（P.093）
❼ シトリン（P.109）
❽ スキャポライト（P.148）
❾ サンストーン（P.129）
❿ カナリートルマリン（P.101）
⓫ アルマンディンガーネット（P.094）
⓬ アンダリュサイト（P.135）
⓭ スファレライト（P.190）
⓮ シトリン（P.109）

緑色の宝石

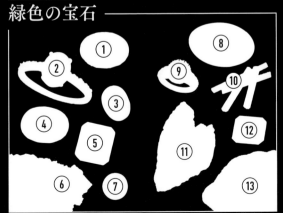

❶ ダイオプサイド（P.157）
❷ ジェダイト（P.143）
❸ アマゾナイト（P.130）
❹ ヒデナイト（P.144）
❺ ツァボライト（P.095）
❻ フローライト（P.239）
❼ ディマントイドガーネット（P.095）
❽ ヘリオドール（P.087）
❾ ブラックオパール（P.191）
❿ グリーントルマリン（P.098）
⓫ ダイオプテーズ（P.241）
⓬ コロンビア産エメラルド（P.083）
⓭ マラカイト（P.193）

3章 宝石・鉱物の図鑑

この本の見方

宝石の名前
（流通名）

英語表記

和名
鉱物名

ルースの写真

化学組成に基づく
分類や流通上の分類

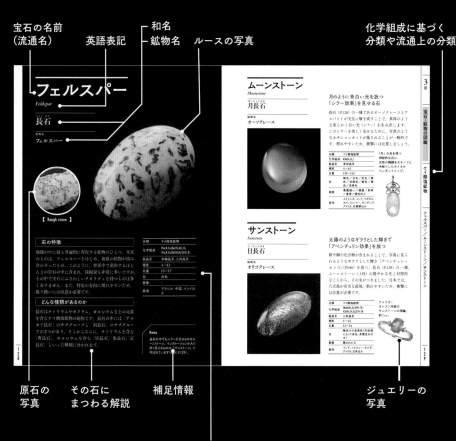

フェルスパー

Feldspar

長石

鉱物名
フェルスパー

【 Rough stone 】

石の特徴

地殻の中に最も普遍的に存在する鉱物のひとつ。写真
のものは、フェルスパーをはじめ、複数の鉱物が混み
合いさったもの。このように、世界中で産出するほど
んな岩石の中に含まれ、採掘量も非常に多いですが、
その中で宝石にふさわしいクオリティを持つものはま
ずありません。また、特定の方向に剥れやすいため、
取り扱いには注意が必要です。

どんな種類があるのか

長石はナトリウムやカリウム、カルシウムなどの元素
を含むケイ酸塩鉱物の総称です。長石の中には「アル
カリ長石」のサブグループと「斜長石」のサブグルー
プの2つがあり、そこからさらに、ナトリウムを含む
「曹長石」、カルシウムを含む「灰長石」「氷長石」「正
長石」といった種類に分かれます。

分類	ケイ酸塩鉱物
化学組成	(Na,K,Ca,Ba)(Si,Al)₄O₈ (Na,K,Ca,Ba)(Al,Si)Si₃O₈ など
結晶系	単斜晶系、三斜晶系
硬度	6～6.5
比重	2.5～2.9
色	白色
産地	ブラジル、中国、インドほか

Memo

長石の中でもシラーが出るものはムーンストーン、インクルージョンが入り赤く見えるものは「サンストーン」と呼ばれています（P.129）。

ムーンストーン

Moonstone

月長石

鉱物名
オーソクレース

月のように青白い光を放つ
「シラー効果」を見せる石

長石（P.128）の一種であるオーソクレースとアルバイトが交互に層を成すことで、真珠のような柔らかく白い光（シラー）を生み出します。このシラーを美しく見せるために、写真のようなカボションカットが施されることが一般的です。割れやすいので、衝撃には注意しましょう。

分類	ケイ酸塩鉱物
化学組成	KAlSi₃O₈
結晶系	単斜晶系
硬度	6～6.5
比重	2.55～2.61
色	無色／白色／灰色／青色／淡橙色／緑／褐色
象徴	愛情醒し／知性／長寿／富貴／感性向上
産地	スリランカ、インド、マダガスカル、ミャンマー、タンザニア、アメリカ、北朝鮮ほか

「月」の光を待つ
神秘的な立ち。
女性の魅感をチャープに
演奏ししたカナオの
ペンダントトップ。

サンストーン

Sunstone

日長石

鉱物名
オリゴクレース

太陽のようなギラリとした輝きで
「アベンチュリン効果」を放つ

鉄や銅の化合物が含まることで、写真に見られるようなギラリとした輝き「アベンチュレッセンス」（P.046）を放つ、長石（P.128）の一種。ムーンストーン（上段）の穏やかな光と対照的なことから、この名が付きました。日本では、八丈島が有名な産地。割れやすいため、衝撃には注意が必要です。

分類	ケイ酸塩鉱物
化学組成	(Na,Ca)Al₁₋₂Si₃₋₂O₈ ((Na,Ca)(Si,Al)₄O₈-(Ca,Na)(Si,Al)₂Si₂O₈
結晶系	三斜晶系
硬度	6～6.5
比重	2.5～2.6
色	無色から淡黄色（内包物によって赤、多層も多彩）
象徴	生命力
産地	インド、ノルウェー、カナダ、アメリカ、日本ほか

アメリカ・
オレゴン州産の
サンストーンの指輪。
約1ct。

原石の
写真

その石に
まつわる解説

補足情報

ジュエリーの
写真

その石にまつわるデータ

分類 … 主要な化学組成による分類（P.028）

化学組成 … 元素記号で表した成分（詳細は次ページ）

結晶系 … 等軸、斜方、正方、単斜、六方、三方、三斜の7種類に分類（P.034）

硬度 … 10の指標鉱物との比較による「モース硬度」を用いて表示（P.032）

比重 … 水を1とした場合の重さの比（P.033）

色 … その宝石・鉱物に見られる主な色の種類

象徴 … その鉱物を象徴する言葉

産地 … 代表的な産地や産出実績のある地域

※市場に流通する全ての宝石・鉱物を網羅したものではありません。また、3章（P.066～211）に掲載していない宝石・鉱物について、ほかのページで言及・写真掲載している場合があります。

下は、宝石・鉱物の「化学組成」に記載される元素記号を、化学的な規則で並べた「周期表」。参照する宝石・鉱物が何でできているのか調べる際は、周期表の各元素記号の下に記載された元素の名称を参照してください。

	1	2	3	4	5	6	7	8	9
1	^{1}H 水素								
2	^{3}Li リチウム	^{4}Be ベリリウム							
3	^{11}Na ナトリウム	^{12}Mg マグネシウム							
4	^{19}K カリウム	^{20}Ca カルシウム	^{21}Sc スカンジウム	^{22}Ti チタン	^{23}V バナジウム	^{24}Cr クロム	^{25}Mn マンガン	^{26}Fe 鉄	^{27}Co コバルト
5	^{37}Rb ルビジウム	^{38}Sr ストロンチウム	^{39}Y イットリウム	^{40}Zr ジルコニウム	^{41}Nb ニオブ	^{42}Mo モリブデン	^{43}Tc テクネチウム	^{44}Ru ルテニウム	^{45}Rh ロジウム
6	^{55}Cs セシウム	^{56}Ba バリウム	57〜71	^{72}Hf ハフニウム	^{73}Ta タンタル	^{74}W タングステン	^{75}Re レニウム	^{76}Os オスミウム	^{77}Ir イリジウム
7 周期	^{87}Fr フランシウム	^{88}Ra ラジウム	89〜103	^{104}Rf ラザホージウム	^{105}Db ドブニウム	^{106}Sg シーボーギウム	^{107}Bh ボーリウム	^{108}Hs ハッシウム	^{109}Mt マイトネリウム
				^{57}La ランタン	^{58}Ce セリウム	^{59}Pr プラセオジム	^{60}Nd ネオジム	^{61}Pm プロメチウム	^{62}Sm サマリウム
				^{89}Ac アクチニウム	^{90}Th トリウム	^{91}Pa プロトアクチニウム	^{92}U ウラン	^{93}Np ネプツニウム	^{94}Pu プルトニウム

例えば、ルビーの組成式は「Al_2O_3」。周期表を参照すると、Alはアルミニウムで、Oは酸素だとわかります。ちなみに、サファイアの化学組成を参照すると、ルビーと同じであることから、基本的に同じ成分でできていることもわかります。

10	11	12	13	14	15	16	17	18 族
								He 2 ヘリウム
			B 5 ホウ素	C 6 炭素	N 7 窒素	O 8 酸素	F 9 フッ素	Ne 10 ネオン
			Al 13 アルミニウム	Si 14 ケイ素	P 15 リン	S 16 硫黄	Cl 17 塩素	Ar 18 アルゴン
Ni 28 ニッケル	Cu 29 銅	Zn 30 亜鉛	Ga 31 ガリウム	Ge 32 ゲルマニウム	As 33 ヒ素	Se 34 セレン	Br 35 臭素	Kr 36 クリプトン
Pd 46 パラジウム	Ag 47 銀	Cd 48 カドミウム	In 49 インジウム	Sn 50 スズ	Sb 51 アンチモン	Te 52 テルル	I 53 ヨウ素	Xe 54 キセノン
Pt 78 白金	Au 79 金	Hg 80 水銀	Tl 81 タリウム	Pb 82 鉛	Bi 83 ビスマス	Po 84 ポロニウム	At 85 アスタチン	Rn 86 ラドン
Ds 110 ダームスタチウム	Rg 111 レントゲニウム	Cn 112 コペルニシウム	Nh 113 ニホニウム	Fl 114 フレロビウム	Mc 115 モスコビウム	Lv 116 リバモリウム	Ts 117 テネシン	Og 118 オガネソン
Eu 63 ユウロピウム	Gd 64 ガドリニウム	Tb 65 テルビウム	Dy 66 ジスプロシウム	Ho 67 ホルミウム	Er 68 エルビウム	Tm 69 ツリウム	Yb 70 イッテルビウム	Lu 71 ルテチウム
Am 95 アメリシウム	Cm 96 キュリウム	Bk 97 バークリウム	Cf 98 カリホルニウム	Es 99 アインスタイニウム	Fm 100 フェルミウム	Md 101 メンデレビウム	No 102 ノーベリウム	Lr 103 ローレンシウム

1章

章

宝石・鉱物の
基礎知識

この世のものとは思えない輝きや

美しさを放つ宝石や鉱物。

深遠な宝石や鉱物の世界をより楽しむために、

キーワードや鉱物の持つ性質など、

基礎となる知識を紹介します。

宝石・鉱物とは何か？

指輪やピアスなどを飾る「宝石」は、希少で美しく、一定の頑丈さを持った鉱物に与えられた呼び名です。そもそも鉱物とは、地殻変動など地球の活動でできた結晶のことで、一般的な「石」とほとんど同じ意味。つまり、学術的には宝石も数ある石のひとつであり、文化的な価値観で呼び分けられているということです。

近年は、技術の向上によって、美しい宝飾品に仕立てられる石の幅が広がりました。そのため、現在は宝飾品に利用される鉱物全般を宝石と呼び習わすことが一般的です。

鉱物の定義

鉱物とは右記の3つの条件を満たすものと定義づけられています。基本的には天然の無機物であり、人工物や有機物は含みません。ただし、オパール（P.122）は非晶質（原子や分子が規則正しく並んでいない状態）であるため、鉱物の条件を満たしていませんが、国際鉱物連合（IMA）により例外的に鉱物として認められています。

3つの条件

① 一定の化学組成で表すことができる（P.018）

② 結晶構造をもっている（P.034）

③ 自然の作用によって生成した無機物である

宝石の定義

従来、透明度や輝き、色、光沢といった「美しさ」に加え、「希少性」が高く、モース硬度（P.032）が7以上の「耐久性」がある石が、宝石とされていました。一方で、近年は加工や処理技術（P.060）が向上し、石をより美しく仕立て上げられるようになっています。その結果、宝飾品に用いられる石の種類が増え、今ではそれらが全般的に宝石と呼ばれています。

3つの条件

① 美しさ
透明度や輝き、色、光沢

② 希少性

③ 耐久性
モース硬度（7以上）

石の分類について

　ここまでに解説した、「鉱物の定義」「宝石の定義」をまとめたのが下の図です。**宝石とは、鉱物という大きなくくりの中の限られたものだ**ということがわかります。

　また、パール、珊瑚、琥珀など生物由来のもの（P.204〜211）でも、宝飾品として古くから利用されてきたものは、宝石として扱われることがあります。

例外

パール、珊瑚、琥珀などは、生物由来だが、「宝石」として扱われることもある。

鉱物

生物由来でない自然の結晶。
商業的には「天然石」と呼ぶこともある。

宝石

宝飾品に利用される
美しい鉱物一般。

従来定義の宝石

近年まで、美しく希少で、モース硬度7以上のものを宝石と定義していたため、宝石とされる鉱物はごくわずかだった。

Mini Column **01**　鉱物と岩石の違い

　岩石とは、"1種類または複数種類の鉱物が集まったもの"のこと。鉱物を「米粒」だとするなら、岩石は「おにぎり」に例えることができます。

　ちなみに、翡翠（ヒスイ）の名で親しまれるジェダイト（P.140）も、ヒスイ輝石を主としてさまざまな鉱物が集まったもの。そのため、定義においては、「ヒスイは岩石だ」といえるのです。

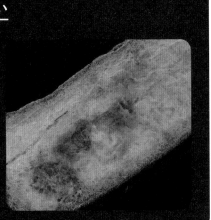

人の手によってつくられた石

　鉱物が「自然の結晶」と定義されるのに対し、工業的な手法でつくられた石も数多く存在します。それらは総称して「人工石」と呼ばれますが、成分や素材、構造の違いによって、大きく「合成石」「人造石」「模造石」の3つに分けられます。

　人工石の用途はさまざまで、宝飾品として使われるものに加え、工業や産業向けに製造されるものもあり、家庭用の電化製品や医療機器、工業機器などに組み込まれています。

⟨ 1 │ 合成石 ⟩

　自然界に存在する石とほとんど同じ成分でつくられる石のこと。代表的なものは合成ダイヤモンドです。天然のものが生成される高温・高圧な環境を再現するなどの工法により、ダイヤモンドの主成分である炭素を人工的に結晶化させることで、自然界よりも短い期間で生産することができます。宝飾品のほか、ダイヤモンドの高い硬度を生かして、ドリルやヤスリといった工業分野でも広く用いられています。

　下写真は、合成蛍石（フローライト）です。屈折率の低さなど、フローライトの光学的な特性が写真撮影に適していることから、高級なカメラレンズに用いられます。

写真協力：キヤノンオプトロン株式会社

⟨2⟩ 人造石

　自然界に存在しない化学組成や結晶構造を持った人工石。成分やその割合によって特性を調整できることから、特殊な性質を求められる工業製品にも広く用いられます。写真は、イットリウム（Yttrium）とアルミニウム（Aluminum）を主成分に、ガーネット（Garnet）と同じ構造に結晶化させたものに、ネオジム（Neodymium）を加えた「Nd：YAG」です。レーザー装置に組み込まれ、研究や工業、医療など幅広い分野で用いられています。

写真協力：CASTECH Inc.

⟨3⟩ 模造石

　ガラスや樹脂などの素材を宝石のような見た目に成形したもの。その名の通り模造品ではありますが、本物の宝石に比べ価格が安いものが多いので、気軽に購入し、身につけられるのが利点です。

　樹脂は宝石に比べ軽いため、豪華で大きなサイズで成形しても、身につけていて疲れにくいでしょう。形や色の自由度が高い点も魅力です。

Mini Column 02 　自動車工場の跡地で採れるフォーダイト

　アメリカ・デトロイトの自動車工場跡地では、偶然に生まれた人工石が採れます。自動車の塗装に用いられたエナメル塗料が壁や床に飛び散って堆積し、アゲート（メノウ）のような見た目になったものです。美しさともの珍しさから、現在は意図的にエナメル塗料を重ね塗りして製造されることがあります。「自動車メノウ」「デトロイトメノウ」のほか、自動車メーカーの名前をもじった「フォーダイト」の呼称がつけられています。

宝石の文化的な価値

ダイヤモンドは婚約の象徴だったり、水晶玉に占いのイメージが付いていたりと、宝石・鉱物には、さまざまな地域や文化で、多種多様な意味づけが行われてきました。ここで紹介する、文化的な価値の中で最も馴染み深い「誕生石」や「パワーストーン」としての意味や象徴もお気に入りの石を見つける指標になるでしょう。

日本における各月の誕生石

（カッコ内はパワーストーンとしての意味の一例）

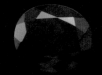

1月

ガーネット（変わらぬ愛）

2月

アメシスト（真実の愛）
クリソベリルキャッツアイ
（守護）

3月

アクアマリン（新しい船出）
珊瑚（厄除け）
ブラッドストーン（活力）
アイオライト（前進）

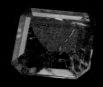

4月

ダイヤモンド（力の増幅）
モルガナイト（落ち着き）

5月

エメラルド（幸運）
ジェダイト（安全）

6月

ムーンストーン（感性向上）
パール（精神安定）
アレキサンドライト
（内面の成長）

□ 誕生石とは

　各月に当てはめられた石のこと。自分の誕生月にちなんだ石はラッキーアイテムとされます。日本では1958年に全国宝石商組合が制定し、2021年に63年ぶりに改定。10種類が追加されました。

□ パワーストーンとは

　ラッキーアイテムとしての石。一律な決まりはなく、文化的な意味から宝石のパワー（効果）を解釈するのが一般的です。同じ石でも、団体や個人により定義するパワーが異なることがあります。

7月

ルビー（情熱）
スフェーン（永久不変）

8月

ペリドット（希望）
サードオニキス（夫婦円満）
スピネル（目標達成）

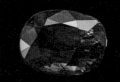

9月

サファイア（洞察力）
クンツァイト（無限の愛）

10月

オパール（希望）
トルマリン（活力）

11月

トパーズ（出会い）
シトリン（生命力）

12月

ラピスラズリ（厄除け）
ターコイズ（厄除け）
タンザナイト（洞察力）
ジルコン（平和）

化学組成に基づく鉱物の分類

鉱物は5400種類以上もあるため、体系的に理解するために一定の
ルールのもとで分類されます。分類にはいくつかの方法があります
が、もっとも一般的なのは化学組成に基づいた9つの分けかたです。
おおむね「分類1」に近づくほど化学組成が単純なもの、「分類9」
に近づくほど化学組成が複雑なものになっています。

分類❶

元素鉱物

　複数の元素が結合した化合物ではな
く、単一の元素から構成される鉱物。
そのほか、鋼などの合金も含まれます。

ダイヤモンド(C)、自然金(Au)、自然銀
(Ag)、自然白金(Pt)など。

ダイヤモンドの原石

分類❷

硫化鉱物・
硫塩鉱物

　硫黄(S)と結合した鉱物を硫塩鉱物、
中でも金属元素と結合したものを硫化
鉱物といいます。金属光沢をもち、鉱
石として扱われる鉱物が多いです。

パイライト(FeS_2)、マーカサイト(FeS_2)、
コベライト(CuS)など。

パイライトの原石

分類 ❸

酸化鉱物

　酸素（O）や水酸化物（OH）と結びついた鉱物。

コランダム（Al_2O_3）、ルチル（TiO_2）、ヘマタイト（Fe_2O_3）、スピネル（$MgAl_2O_4$）、など。

コランダムの原石

分類 ❹

ハロゲン化鉱物

　周期表（P.018）の17族（17行目）であるハロゲン元素のうち、フッ素（F）、塩素（Cl）、ヨウ素（I）、臭素（Br）を含む鉱物。フッ素と塩素は、特に地殻中に数多く存在します。

フローライト（CaF_2）、ハーライト（NaCl）など。

フローライトの原石

分類 ❺

炭酸塩鉱物

　化学組成の中に炭酸塩（CO_3）をもつ鉱物。

カルサイト（$CaCO_3$）、アラゴナイト（$CaCO_3$）、マラカイト（$Cu_2CO_3(OH)_2$）、アズライト（$Cu_3(CO_3)_2(OH)_2$）など。

カルサイトの原石

化学組成に基づく鉱物の分類

分類 ❻

ホウ酸塩鉱物

化学組成の中にホウ酸（B (OH)$_3$など）をもつ鉱物。軟らかくて溶けやすい鉱物が多いのが特徴です。

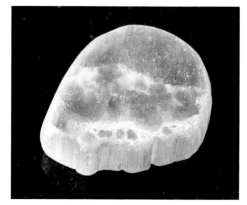

ウレキサイト（NaCaB$_5$O$_6$(OH)$_6$・5H$_2$O）、ハウライト（Ca$_2$B$_5$SiO$_9$(OH)$_5$）など。

ウレキサイト（テレビ石）の原石

分類 ❼

硫酸塩鉱物・タングステン酸塩鉱物・モリブデン酸塩鉱物・クロム酸塩鉱物

硫酸塩鉱物は硫酸塩（SO$_4$）を含む鉱物で、タングステン酸塩鉱物は、タングステン酸（WO$_4$）からなる鉱物。モリブデン酸塩鉱物は、陰イオンの$(MoO_4)_2-$と陽イオンによって構成されている鉱物。クロム酸塩鉱物は、クロム酸塩からなる鉱物。

硫酸塩鉱物はバライト（BaSO$_4$）など、タングステン酸塩鉱物はシーライト（CaWO$_4$）など、モリブデン酸塩鉱物はウルフェナイト（PbMoO$_4$）など、クロム酸塩鉱物はクロコアイト（PbCrO$_4$）など。

シーライトの原石

分類 **8**

リン酸塩鉱物・ヒ酸塩鉱物・バナジン酸塩鉱物

　リン酸塩鉱物は、リン酸塩（PO_4）をもつ鉱物で、ヒ酸塩鉱物は、ヒ酸塩（AsO_4）を基にする鉱物。バナジン酸塩鉱物は、バナジン酸塩からなる鉱物。

> リン酸塩鉱物はターコイズ（$CuAl_6(PO_4)_4$ $(OH)_8) \cdot 4H_2O$）など、ヒ酸塩鉱物はアダマイト（$Zn_2(AsO_4)_4(OH)$）など、バナジン酸塩鉱物はバナジナイト（$Pb_5(VO_4)3Cl$）など。

ターコイズの原石

分類 **9**

ケイ酸塩鉱物

　ケイ酸塩からなる鉱物。ケイ酸塩に含まれるケイ素（Si）は、地殻中では酸素に次いで2番目に多く存在するため、岩石の構成要素として重要な元素です。

> ラピスラズリ（$(Na, Ca)_8(AlSiO_4)_6(SO_4, S, Cl)_2$）、クオーツ（$SiO_2$）など。

ラピスラズリの原石

石の特徴を表す 5つの項目

⟨ 1 │ 硬度 ⟩

　石の「硬さ」のこと。一般的に、ドイツの鉱物学者フリードリッヒ・モースが考案した「モース硬度」が用いられます。最も硬い石としてダイヤモンドを10、そして1〜9にも基準となる石を当てはめてできた**10段階の指標（下図）がモース硬度の基準**となります。

　モース硬度を調べる最も単純な方法は、鉱物同士を引っかき合わせること。例えば、モース硬度が不明な鉱物Xとアパタイト（モース硬度5）をこすり合わせた際、アパタイトにキズがついたら、鉱物Xはモース硬度5以上だとわかります。さらに、オーソクレーズ（モース硬度6）とこすり合わせ、鉱物Xにキズがついたら、鉱物Xのモース硬度は5〜6の間に定められます。

　ちなみに、**モース硬度が示すのは石のキズつきやすさであり、衝撃への強さ（割れにくさ＝靭性）とは異なる点は注意しましょう。**

モース硬度

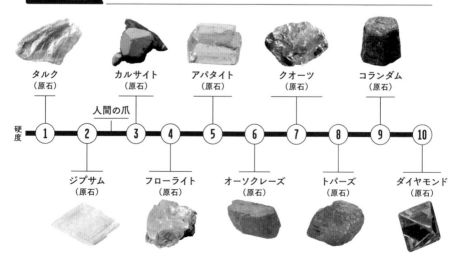

| タルク（原石） | カルサイト（原石） | アパタイト（原石） | クオーツ（原石） | コランダム（原石） |

人間の爪

硬度 ① ② ③ ④ ⑤ ⑥ ⑦ ⑧ ⑨ ⑩

| ジプサム（原石） | フローライト（原石） | オーソクレーズ（原石） | トパーズ（原石） | ダイヤモンド（原石） |

◆ 2 ◆ 比重

　同じ体積の重さの違いを比で表したもので、**比重が大きいほど重い**ということ。固体や液体では、比重「1」の基準である水と比較し、比重を求めます。例えば、比重がわからない鉱物Xを、同じ体積の水と比較した際、鉱物Xの重さが水の3倍だったなら、鉱物Xの比重は「3」ということです。

　一般的な比重の測り方として、比重天秤を用いた方法があります。この方法では、鉱物の重さを測った後に、水に沈めた重さを測ります。水に沈めることで鉱物の体積分の浮力が働くため、その体積で重さを割ることで比重が求められます。

　宝石鑑別の業界では、比重がわからない鉱物を、比重がわかっている液体に入れる「重液法」という測り方も用いられています。鉱物が沈めばその液体よりも比重が大きいことがわかり、鉱物が浮けば小さいことがわかります。

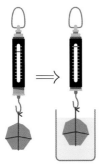
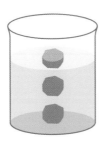

比重天秤による比重の測り方
（浮力が働く体積から求める）

重液法による比重の測り方
（液体を基準に比較する）

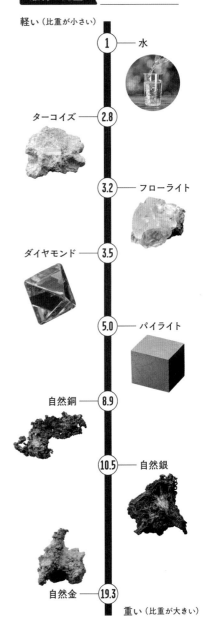

鉱物の比重

軽い（比重が小さい）

1　水

ターコイズ — 2.8

3.2 — フローライト

ダイヤモンド — 3.5

5.0 — パイライト

自然銅 — 8.9

10.5 — 自然銀

自然金 — 19.3

重い（比重が大きい）

石の特徴を表す5つの項目

〈 3 ┊ 結晶 〉

　鉱物の定義（P.022）のひとつである**結晶とは、原子や分子が規則正しく並んだ状態の固体**のこと。いくつかの平面で囲まれた、整った形をしています。

　原子の組み合わせによって結びつき方が変わるため、鉱物の種類ごとにさまざまな形の結晶になります。

　また、同じ鉱物であっても、温度や圧力などの条件によってつくり出す結晶の形が異なり、外見にも差がでることがあります。それを「同質異形」といい、代表的なものは鉛筆の芯の原料である石墨（黒鉛）とダイヤモンドです。どちらも同じ炭素からなる鉱物ですが、炭素原子同士の結びつき方が異なる、つまり違った結晶の形をつくっているため、全く違った見た目をしています。

石墨の原石

ダイヤモンド

□ 7種類の結晶系

　1669年にデンマークの鉱物学者ニコラウス・ステノが、水晶の隣り合った面がつくる角度に一定の法則を発見したことから研究が進み、「等軸晶系」「斜方晶系」「正方晶系」「単斜晶系」「六方晶系」「三方晶系」「三斜晶系」の7つの結晶系があることがわかりました。これが鉱物の形を決める基本となっています。

等軸晶系	斜方晶系	正方晶系	単斜晶系	六方晶系	三方晶系	三斜晶系
（ダイヤモンドなど）	（カンラン石など）	（ジルコンなど）	（石膏など）	（石英など）	（方解石など）	（トルコ石など）

□3種類の結晶面

　結晶の面は、結晶の主軸（中心となる軸）との関係で分類されます。結晶主軸に対して平行な柱面、結晶主軸に対して垂直な卓面、結晶主軸に対して斜めに広がる錐面の3種類があります。

　これらの面の大きさのバランスや組み合わせにより、立方体状、四面体状、六面体状、十二面体状、四角柱状、六角柱状、錐状、針状などの、さまざまな結晶の形をつくり上げます。

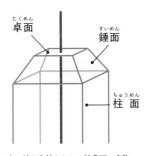

卓面

錐面

柱面

赤い線を主軸とした、結晶面の名称

六角柱状をたくさん構成するクオーツ

Mini Column **03** **結晶の集合状態**

　結晶の形はひとつの鉱物に対してひとつのみとは限らず、複数の結晶が集合状態になることもあります。

　集合状態には、その見た目の特徴から「粒状」「放射状」「塊状」「同心円状」「ぶどう状」「鍾乳状」「繊維状」「樹枝状」「層状」「腎臓状」などの多様な種類があり、鉱物を特定する上で大きな手がかりとなるのです。

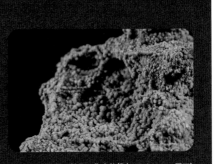

ぶどう状の結晶の集合状態（マラカイトの原石）。結晶がぶどうの房のように集まっている。

石の特徴を表す5つの項目

⟨ 4 │ へき開 ⟩

　鉱物の種類によって、結晶同士の結びつき（結晶面の原子の結びつき）の強さには違いがあります。結びつきに弱い面がある場合、衝撃が加わると、その面に沿って割れやすいため、「1つの方向にはがれるように割れる」「2つの方向に細長く割れる」などの規則性が生じます。そうした**「特定方向への割れやすさ」**を**「へき開」**といい、いくつの方向に割れるかによって「1方向」（マイカ P.167など）、「2方向」（フェルスパー P.128など）、「3方向」（カルサイト P.194など）、「4方向」（ダイヤモンド P.068）などと表現します。

　へき開の段階には「完全」→「明瞭」→「不明瞭」があり、**完全に近いほど決まった方向に簡単に割れます**。クオーツ（P.104）などのように、へき開がない鉱物の場合、割れる方向に規則性がなかったり、薄く延ばすことが可能です。

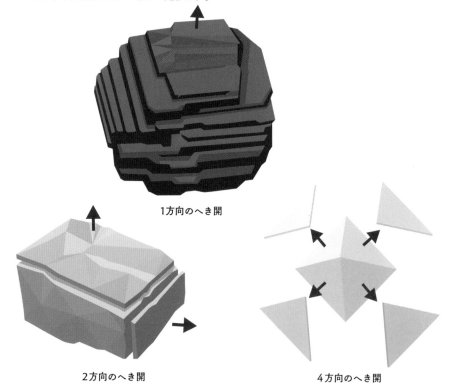

1方向のへき開

2方向のへき開

4方向のへき開

□ 加工のしやすさに影響するへき開

へき開は、石の加工のしやすさに大きくかかわります。たとえば、ダイヤモンドのへき開は、「4方向」に「完全」であるため、へき開を利用してつくりやすい八面体の形状を土台にした加工が始まりました。これは、カットのしやすさと同時に、へき開に沿わない形にカットしてしまうと、研磨や日常で使用する際の負荷で簡単に割れる恐れがあるためです。

一方で、クオーツやジェダイトなどのようにへき開がない鉱物は、複雑で緻密な形状に仕上げることができるという特徴があります。

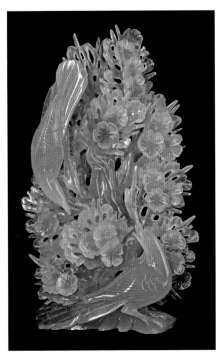

ジェダイトでつくられた彫刻。ジェダイトにはへき開がないため、こうした緻密な表現ができる

不規則に割れる、断口（だんこう）

鉱物に衝撃を加えた時に規則的に割れるへき開に対して、へき開面とは異なる方向に割れた面のことを、断口といいます。断口も鉱物によって特徴があり、貝殻状（黒曜石など）、針状（自然金など）、多片状（マイカなど）、鋸状（カンラン石など）などの種類があります。へき開のない鉱物に多く見られますが、それ以外でも、へき開と異なる方向に割れた際に見られることがあります。

貝殻状の断口（黒曜石）。割れ口が二枚貝の貝殻のように同心円の波紋状になっている

石の特徴を表す5つの項目

〈 5 │ 色と光沢 〉

　宝石・鉱物の色や光沢は、種類を見分ける重要なヒント。含まれる成分や結晶構造によって、違いが生じます。

□ 同じ鉱物でも色が異なる

　宝石・鉱物は、わずかな成分の違いで発色が異なることがあります。代表的なものが「コランダム」です。クロムを含むと赤いルビーに、鉄やチタンを含むと青いサファイアとなります。

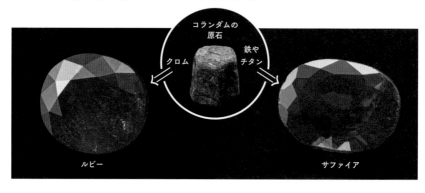

コランダムの原石

クロム　　　鉄やチタン

ルビー　　　　　　　　　　　　　　サファイア

□ 光沢は大きく2種類

　宝石・鉱物の光沢は、なめらかな金属に見られるような、表面の光の反射が強い「金属光沢」と、透明・半透明の物質を通った光の屈折による「非金属光沢」の2種類に分けられます。

非金属光沢
（ダイヤモンドの原石）

金属光沢
（パイライトの原石）

□非金属光沢はさらに8種類に分けられる

透き通った非金属光沢はさらに細かく分けられ、以下の8種類があります。いずれも、「○○のような光沢」＝「○○光沢」と名称がついているので、感覚的にわかりやすいでしょう。

ガラス光沢

ガラスのような透明感のある光沢
（写真はクオーツの原石）

ダイヤモンド光沢

ダイヤモンド特有の輝きの強い光沢
（写真はダイヤモンドの原石）

脂肪光沢

テカテカとした油を塗ったような光沢
（写真はオパールの原石）

樹脂光沢

プラスチックのような柔らかい光沢
（写真は自然硫黄の原石）

真珠光沢

真珠のような輝きをもつ光沢
（写真はジプサムの原石）

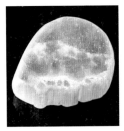

絹糸光沢

絹糸のような繊維状の筋が見える光沢
（写真はウレキサイトの原石）

亜金属光沢

金属光沢よりも鈍い輝き
（写真はマグネタイトの原石）

土状光沢

光沢がほとんど感じられない（写真はゲーサイトの原石）

不思議な性質の石

　世の中にはあまり知られていませんが、鉱物には、ちょっと不思議な特徴をもつものも存在します。その一部を紹介しましょう。

□ 磁石のような性質

　産地によってその強弱は異なりますが、マグネタイトやピロータイトなどの磁性をもつ鉱物は、磁石を近づけるとくっつきます。

　珍しいケースとして、磁性が非常に強いものの場合、磁石だけでなく鉄がくっつくことも。その鉱物自体が磁石になるものもあるのです。

磁石がくっつくマグネタイト

□ 鉱物が光る!?

　鉱物の中には、光を放つ「蛍光」という性質をもつ種類もあります。ただし、蛍光は、電球のように強い光を放つわけではなく、暗い場所で紫外線を当てることで観察できるものがほとんどです。蛍光の性質をもつ代表的な鉱物は、フローライト（青や紫）やカルサイト（赤）、ダイヤモンド（青や黄、赤、白、緑など）など。同じ鉱物でも、異なる光の色を放つ場合があります。

暗い部屋で紫外線を当てられて
紫に蛍光するフローライト

□ 世にも不思議な十字模様が

　人の手を加えていないのに、"十字"が浮かび上がる鉱物がありま
す。そのひとつが十字石。自然と形づくられるこの十字の模様は、
2本の柱状結晶が、互いに交差する状態に成長することで現れます。

　また、アンダリュサイトという鉱物は、成長する過程で鉱物に内
包する炭素が押し出され、十字模様が浮かび上がります。かつては
アンダリュサイトでつくったお守りを、多くの巡礼者が購入してい
たそうです。

十字型に交差した結晶をつくる十字石

十字が浮かび上がるアンダリュサイト

□ 文字が浮かび上がる

　鉱物には、複屈折という2つの屈折率をもつものがあります。カ
ルサイトは複屈折を起こす代表的な鉱物で、たとえば文字の上に置
くと、複屈折の影響で文字が二重に見えるのです。

　また、似たような性質をもつウレキサイトは、文字の上に置くと、
なんと文字が浮かび上がってきます。ウレキサイトは、繊維状結晶
が光ファイバーのような役割を果たすため、下の文字が石の表面に
浮かび上がったように見えるのです。

文字が二重に見えるカルサイト

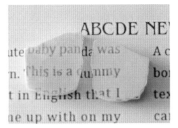

文字を浮かび上がらせるウレキサイト

鑑別・鑑定

鑑別…宝石の種類を見分けること
鑑定…ダイヤモンドの品質を見分けること

　見た目がよく似たものが多く、区別がつきにくい宝石や鉱物。市場には意図的に宝石に見た目を似せてつくられた、いわゆる「ニセモノ」が流通しているのも事実です。
　そこで必要になるのが、プロによる「見分け」。宝石・鉱物の業界においては、種類を見分けることを「鑑別」といい、ダイヤモンドの品質を見極めることを「鑑定」と呼びます。

□ 見た目だけでは区別しにくい石

　宝石・鉱物の分析技術がそれほど発展していなかった時代では、見た目がよく似た石を同じものだと勘違いしていることがよくありました。代表的なものはルビー（P.074）とレッドスピネル（P.176）です。この2種類の宝石は、下写真のように、色や輝き方が似ていることに加え、産出される場所が近いこともあり、長らくレッドスピネルはルビーの一種だと思われていました。イギリスの有名な宝石に、14世紀にエドワード黒太子が入手した、「黒太子のルビー」と呼ばれる140カラットの赤い宝石がありますが、後世になってスピネルだと判明しました。

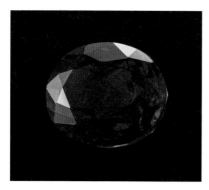

左はモゴック産ルビー。右は、レッドスピネル。微妙に色が違うように思えますが、産地や個体差でもこれくらいの違いは生じるでしょう。写真ではもちろん、肉眼での見分けも困難です。

鑑別 — 種類を見分ける

　種類や、天然・合成といった起源、処理（P.060）の有無を見分けることを「鑑別」といいます。

　鑑別にあたっては、寸法や重量、比重などに加え、専門機器を用いた屈折率の検査、蛍光などの効果や特性の有無の検査、顕微鏡を用いた拡大検査など、科学的にさまざまな角度から調べ上げます。

　一般的には、宝石として加工されたルース（P.052）が対象となりますが、検査機関によっては、ジュエリーなどに仕立てられたものや原石も鑑別の対象になります。

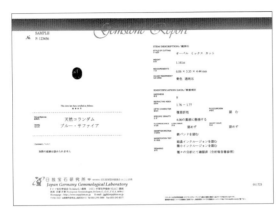

【鑑別書の記載項目】
鉱物名／宝石名／色／透明度／外観特徴／カット／サイズ／重量／屈折率／偏光性／多色性／拡大検査／蛍光性／分光性

鑑定 — ダイヤモンドの品質を見極める

　「鑑定」というと、骨董品などの良し悪しや価格を判定することをイメージしますが、宝石における「鑑定」は、カットされたダイヤモンドのみを対象とした品質評価を指します。**カラット（重さ）、カット（輝き）、カラー（色）、クラリティ（透明度）**といった4Cと呼ばれる要素（P.070）を計測・検査し、ランクづけを行います。

　「鑑定書」には、4Cの計測・検査結果などが記されますが、価格までは記載されません。鑑定結果が価格の基準のひとつにはなりますが、鑑定とはあくまで品質評価のことを指します。

【鑑定書の記載項目】
重量（カラット）／カット／サイズ／部位別寸法／カラーグレード／クラリティグレード／カットグレード

宝石・鉱物の産地

鉱物は、温度や圧力などの地質学的条件によって
つくられるものが決まるため、限られた地域でしか
産出されないものもあります。
代表的な宝石の主要な産出国を見てみましょう。

ロシア
ダイヤモンド、エメラルド、
トパーズ、アクアマリン、琥珀

ラトビア
琥珀

ポーランド
琥珀

リトアニア
琥珀

パキスタン
トパーズ、アクアマリン

ミャンマー
サファイア、ルビー、
ペリドット

ナイジェリア
トパーズ、アクアマリン

インド
サファイア、
アクアマリン

モザンビーク
トルマリン

タイ
サファイア、ルビー

コンゴ民主共和国
ダイヤモンド

マダガスカル
サファイア、ルビー、
アクアマリン

スリランカ
サファイア、ルビー
トパーズ、トルマリン、
ペリドット

ザンビア
エメラルド

ボツワナ
ダイヤモンド

ジンバブエ
エメラルド

南アフリカ
ダイヤモンド

オーストラリア
ダイヤモンド、サファイア、
オパール、ペリドット

主要な宝石

ダイアモンド	エメラルド	オパール	琥珀	翡翠
ルビー	トパーズ	ペリドット	パール	
サファイア	アクアマリン	トルマリン	珊瑚	

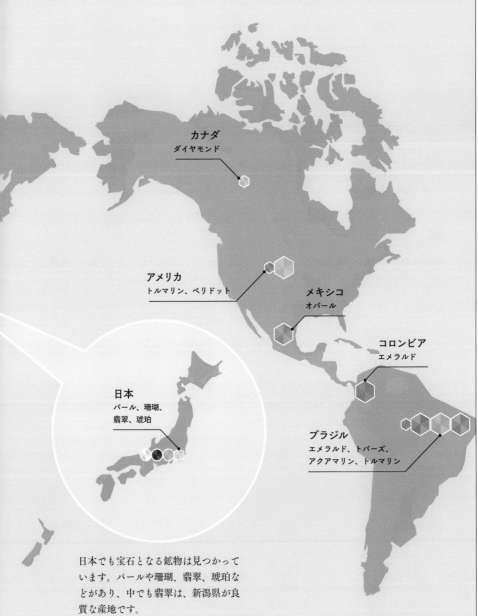

カナダ
ダイヤモンド

アメリカ
トルマリン、ペリドット

メキシコ
オパール

コロンビア
エメラルド

ブラジル
エメラルド、トパーズ、
アクアマリン、トルマリン

日本
パール、珊瑚、
翡翠、琥珀

日本でも宝石となる鉱物は見つかって
います。パールや珊瑚、翡翠、琥珀な
どがあり、中でも翡翠は、新潟県が良
質な産地です。

宝石・鉱物の専門用語

ここまで紹介してきたように、宝石・鉱物の世界では、あまりなじみのない専門用語がよく使われます。本書を読む上で知っておくと理解がしやすい、頻出用語をまとめました。

■ アベンチュレッセンス

金属粒子を含むことで現れる、ラメのようなキラキラとした輝き。アベンチュリンやサンストーンが代表的。

■ インクルージョン

宝石・鉱物の成長過程で、内部に取り込んだ別種の鉱物や水、異物。透明度を重視する宝石では好まれない傾向にあるが、キャッツアイ効果などの光学効果を生み出すこともある。

■ 化学組成

構成する元素の種類と比率を示したもの。宝石・鉱物では、その石を構成する基本成分のことを指す。

■ 火成岩

マグマが冷えて固まってできた岩石。

■ カット

原石を研磨すること。カットを施した石単体(宝飾品にする前の状態)をルースと呼ぶ。なだらかな半球状のものはカボションカット、複数の面で構成された立体のものはファセットカットと呼ぶ。

■ 加熱処理

熱を加えることで不要な色の成分を失わせたり、変化させたりすることで、色や透明度の改善を図る処理。

■ カラーチェンジ効果

太陽光や蛍光灯など、光源の種類によって色が変わって見える効果。変色効果ともいう。この効果を持つ代表的な宝石、アレキサンドライトでは劇的に変化するため「アレキサンドライト効果」とも呼ばれる。

■ カラット(ct)

宝石の質量を表す一般的な単位。1カラット＝200ミリグラム(0.2グラム)。同じカラットでも、比重が異なる石なら見た目のサイズは異なる。

■岩石

1種類、または複数種類の鉱物が集まったもの。

■共生

異なる宝石・鉱物がくっついている、または、同じ母岩を共有している状態。

■ キャッツアイ効果

光を当てると、猫の目のような一筋の光の線が見える効果。平行に並んだ繊維状のインクルージョンによって現れ、なめらかな半球状のカボションカットにすることで引き立つ。

■ 屈折

光が透明な物質に差し込んだ際に、光が進む方向が曲がること。屈折率が高い物質は内部で光の進路が複雑になり反射が起きやすくなるため、輝いて見える。

■ 蛍光

紫外線などを当てることで発する光。フローライトなどに見られる。

■ 結晶

原子や分子が規則正しく並んだ固体。複数の面で構成される。成分によって結晶の形が変わるため、石の種類を見分けるのに役立つ。

■ 結晶状

結晶の形が分かる状態。カケや摩耗などで結晶の形がわからないものは「塊状」といわれる。

■ 原石

採掘されたまま、加工されていない状態の宝石・鉱物。一般的に、「鉱物標本」という場合は原石を指す。

■ 鉱山

宝石・鉱物を採掘する場所や施設。特定の鉱山でしか採れない石や、すでに閉山した鉱山の石は価値がつきやすい。

■ 硬度

硬さ、特に傷つきにくさ。鉱物においては、10段階評価の「モース硬度」で示すのが一般的。数字が高いほど傷つきにくく、宝飾品向きとされる。衝撃への耐性を指す「靭性」とは別。

■ 鉱物

生物由来ではない、自然の結晶。広い意味では、石全般を指す。

■ 条線
（じょうせん）

結晶の面に見られる並行に並んだ複数の筋。

■ 処理

色や透明度の悪さ、ヒビ、カケといった欠点を補うための加工。保護や補強の目的で施すこともある。一般に流通している宝石は処理済みであることがほとんど。

■ シラー効果

ムーンストーンなどに見られる、光を当てた際にゆらめくように見える輝き。アデュラレッセンスともいう。

宝石・鉱物の専門用語

■ 人工石

人工的、工業的につくられた鉱物の類似物。自然に存在する鉱物を再現した合成石、自然にはない人造石、見た目だけを似せた模造石の3種類に分けられる。

■ 靭性(じんせい)

粘り強さ。衝撃に対する耐性。ルビーのように靭性が高い石は、衝撃に強く割れにくいため、宝飾品向きだといえる。

■ スター効果

光を当てると、キャッツアイ効果のような光の線が3本交差し、星のように輝く効果。繊維状のインクルージョンが3方向に並ぶことで現れる。カボションカットで引き立つ。

■ 染色処理(着色)

処理のひとつ。染料や顔料などを染み込ませ、色をつけること。多孔質な宝石・鉱物によく見られる処理。

■ 多孔質

細かな穴や空洞が多い状態。水が染み込みやすいため、水洗いなどに注意が必要。一方で、その性質を利用して、染色処理などが施されることもある。

■ 多色性

角度によって色や濃淡が変わって見える効果。タンザナイトなどが代表的。

■ 同質異形

同じ元素(同じ構成成分)でできているが、結晶の構造が異なるもの。石墨とダイヤモンド、カルサイトとアラゴナイトなど。同質異像ともいう。

■ 比重

水を1とした場合、同じ体積あたりの重さの比。

■ ファイア

ダイヤモンドなどで、光が当たったときに見られるギラギラとした虹色の輝き。

■ ファンシーカラー

特定の宝石で、基本の色以外に発色し、価値があるもの。ダイヤモンドでは、白以外の色で美しいもの。

■ ブラックライト

紫外線(UV)やそれに近い波長の光を発するライト。蛍光の観察などに用いられる。

■ へき開

特定方向に（規則的に）割れやすい性質。一般的に、へき開性があるものは割れやすいため、宝飾品に利用する場合は注意が必要。

■ ペグマタイト

数cm以上の大きな結晶からなる火成岩の一種。

■ 変成岩

岩石が熱や圧力の影響を受けて変化してできた岩石。

■ 宝石

従来は、希少で美しく、耐久性がある鉱物を宝石と呼んだ。現在は、宝飾品に利用される鉱物全般を指すのが一般的。

■ 宝石質

宝飾品として用いられるような高品質のものを指す。

■ 母岩

宝石・鉱物が成長する際に周辺にある岩石。主役となる宝石・鉱物の土台になっている石。

■ 遊色

オパールなどに見られる、光を当てた際に虹色の光の模様が揺れ動くように現れる効果。

■ 燐光
（りん こう）

紫外線を当てている最中から、当てるのをやめた後もしばらく発する光。

■ 流通名

宝石や鉱物が商品として流通する際の名称。基本的には学術名や和名などが用いられるが、特定産地のものなどに特別な名前がつけられ、それが定着することがある。ラリマーなどが代表的。

■ ルース

原石をカット（研磨）した石で、宝飾品にしていない状態のもの。日本語では「裸石」とも呼ぶ。

2章

ルースの
基礎知識

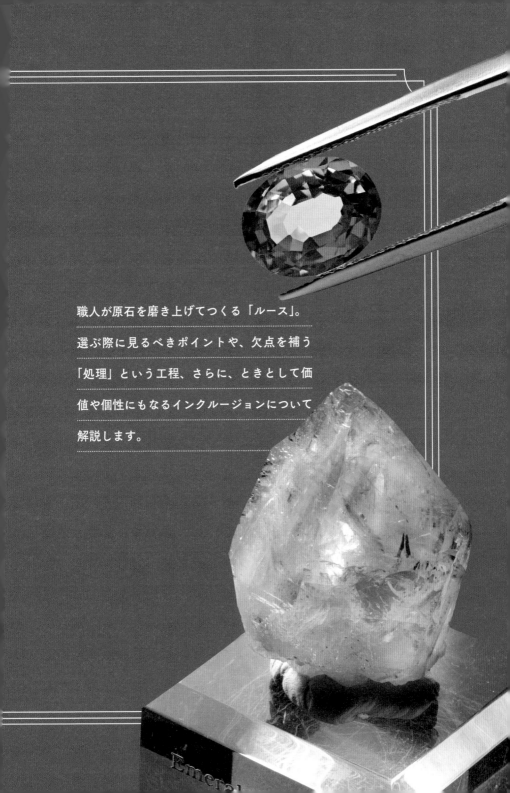

職人が原石を磨き上げてつくる「ルース」。

選ぶ際に見るべきポイントや、欠点を補う

「処理」という工程、さらに、ときとして価

値や個性にもなるインクルージョンについて

解説します。

ルース

「ルース」とは、カット(研磨)された石で、まだ宝飾品に加工されていない石単体のこと。一般流通しており、誰でも専門店などで入手可能です。石自体の美しさを観察できますし、カットの種類や状態によって見え方がガラッと異なります。宝飾品に加工する前の状態だからこそ味わえる楽しみもあるのです。

　宝石のカットは専門の職人が原石の形状や状態を見極め、最も美しく見える最終形をイメージしながら仕上げていきます。その際、大きなポイントとなるのは、「スタイル」「シェイプ」「面のとり方」の3要素。これらの組み合わせで、ルースの最終形が決まります。

カットを決める要素 ① スタイル

　スタイルとは、大まかな形状のこと。広義にはビーズや彫刻、カメオなども含まれますが、ルースの場合は多面体で構成された「ファセットカット」か、なだらかな半球状の「カボションカット」の大きく2種類に区別されます。

ファセットカット

　いくつもの切子面（ファセット）で幾何学的に構成されたカットのこと。宝石表面だけでなく、内部に反射した光と合わさることでキラキラと輝いて見えるため、ダイヤモンドをはじめとした透明度の高い宝石に施されるのが一般的です。

　シェイプ（P.054）や面のとり方（P.055）によって輝き方や見栄えが大きく変わるので、宝石のポテンシャルを最大限に引き出すには、カットの際に高い技術力が求められます。

カボションカット

　なだらかな半球状に磨き上げたカットのこと。ファセットカットが透明な宝石に施されるのに対し、カボションカットは半透明・不透明な宝石に施されることが一般的です。

　また、インクルージョン（P.058）によって生まれるキャッツアイ効果やスター効果などはカボションカットによって最も美しく引き立たせられます。そのため、カボションカットは特殊効果をもった宝石では最も基本的なカットといえるでしょう。

カットを決める要素 ❷ シェイプ

　宝石を正面から見たときの輪郭の形状のこと。クラシカルな円形、ポップな雰囲気のハート型など、ルースの印象に大きく影響するため、選ぶ人によって好みが分かれる要素です。

ラウンド

正面から見たときに円形のもの。最もスタンダードなシェイプで、ダイヤモンドの多くに採用されています。

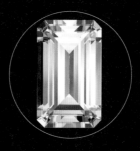

エメラルド

その名の通り、エメラルドに採用されることが多い、長方形のシェイプ。角を落とした形状は耐久性が高いとされています。

ハート

アイコニックなハート型は人気なシェイプのひとつ。どのような宝飾品に仕立てても、強い存在感を示します。

オーバル

上品さを感じる楕円形のシェイプ。こうした細長いシェイプは、指輪にした際、指を長く見せる効果があるといわれています。

マーキス

「侯爵」の称号を意味するマーキス。尖った部分がカケやすいため、硬度が高い石に向いたシェイプです。

ピアー

ラウンドとマーキスを合わせたシェイプ。涙滴を意味する「ティアドロップ」とも呼ばれています。

カットを決める要素 ❸ 面のとり方

　同じシェイプでも、面の形や数が異なるカットを見比べると、輝き方が異なることがわかります。スタイル、シェイプと組み合わさった3つの要素によって、最終的なルースの見栄えが決まります。

ブリリアントカット

ダイヤモンドの屈折率や反射などを数学的に計算し尽くし、最も魅力的に輝くように考案されたカット。

ローズカット

16世紀に発明されたといわれる、三角面で構成されたカット。水面を思わせる落ち着いた輝きが特徴です。

オールド
ヨーロピアンカット

18世紀頃に開発されたオールドカットのひとつ。ブリリアントカットの原型とされています。

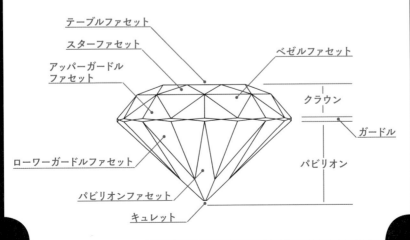

ファセットカットの各部の名称

- テーブルファセット
- スターファセット
- アッパーガードル
  ファセット
- ベゼルファセット
- クラウン
- ガードル
- ローワーガードルファセット
- パビリオン
- パビリオンファセット
- キュレット

ルースの価値を決める良し悪し

同じ質の原石でも、カットの良し悪しで価値が変わるルース。良いものを見極めるには、ルーペを使って細かなポイントに注目する必要があります。

□ 原石のポテンシャルを引き出すカット

　専門店などでルースを見比べると、「石の種類やカットが同じで、サイズも近いのに、価格に大きな差がある」というケースがあるでしょう。透明度や色の濃さなど、その宝石が本来持ち合わせていた要素の差に加え、**カットの仕上がりも見栄えに大きな影響を与え、価格差につながります。**ルーペを使って細かく見るべき、ルースの注目ポイントを押さえて、お気に入りの一点を見つけましょう。

［ カットの良し悪しを見分けるポイント ］

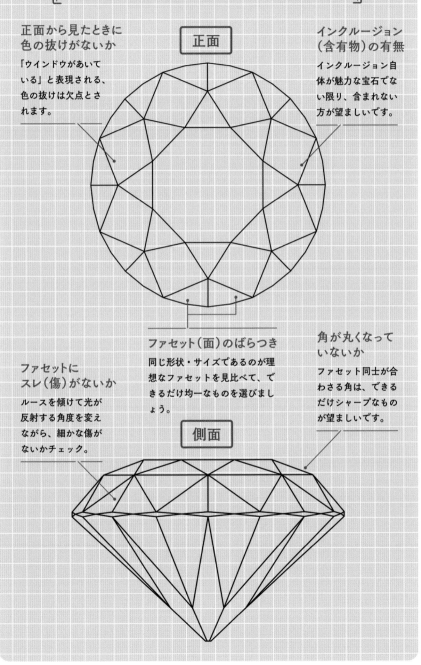

**正面から見たときに
色の抜けがないか**

「ウインドウがあいて
いる」と表現される、
色の抜けは欠点とさ
れます。

正面

**インクルージョン
（含有物）の有無**

インクルージョン自
体が魅力な宝石でな
い限り、含まれない
方が望ましいです。

ファセット（面）のばらつき

同じ形状・サイズであるのが理
想なファセットを見比べて、で
きるだけ均一なものを選びまし
ょう。

**角が丸くなって
いないか**

ファセット同士が合
わさる角は、できる
だけシャープなもの
が望ましいです。

**ファセットに
スレ（傷）がないか**

ルースを傾けて光が
反射する角度を変え
ながら、細かな傷が
ないかチェック。

側面

インクルージョンの魅力・価値

宝石の内部に取り込まれた不純物「インクルージョン」。
本来望ましくないとされるものにも、価値を見出すこ
とができます。

エメラルドがクオーツに内包されているエメラルド インクオーツ。エメラルドがはっきり見えるほどクオーツの透明度が高い希少な標本です。

□ インクルージョンに価値があることも

　インクルージョンとは、宝石が成長する際に、ほかの鉱物などを
取り込んだ結果生じる内包物のことです。透明度が重視されるダイ
ヤモンドなどの宝石では、インクルージョンがない方が良いとされ
ますが、一方で、キャッツアイ効果やスター効果などの特殊効果は
インクルージョンによって生じるもの。そうした特殊効果に限らず、
インクルージョンの種類や入り方によっては、価値が上がったり、
宝石の個性として楽しんだりできることがあります。

さまざまな表情を見せる インクルージョンのあるクオーツ

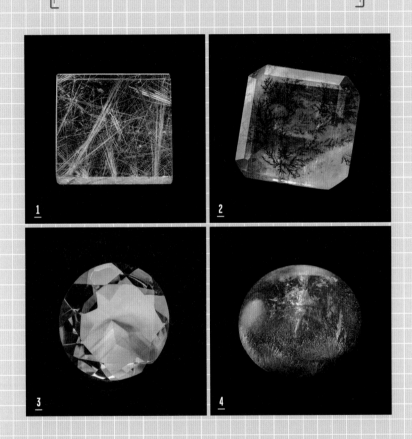

1 ルチルクオーツ

針状の鉱物(ルチル)を含むクオーツ。ルチルがクオーツ内部で光を反射し、美しく輝きます。

2 デンドリティッククオーツ

「デンドライト」と呼ばれるシダの葉状のインクルージョンを内包したクオーツ。

3 ファントムクオーツ

結晶が成長した過程が内部に年輪のような痕跡を残すクオーツ。幻影水晶とも呼ばれます。

4 デュモルチェライトインクオーツ

鮮やかなブルーが人気を博し、一時期は高値で取引されていました。

宝石に施される処理

人の手を加えて宝石の見栄えを良くする「処理」工程。
一見、欠点を隠す行為のようにも思えますが
必ずしも悪いものだとはいいきれません。
実は、市場に流通する宝石の多くに
施されているのです。

未処理のピース

□ 宝石を理想形に近づける技術

　色の濃さや透明度など、宝石の種類ごとに高品質とする基準がありますが、理想の条件に近いほど価値が高いため、多くの宝石で欠点を補う「処理」が施されています。ある種のごまかしのようなイメージを持つかもしれませんが、エメラルドをはじめ無処理である方が珍しいとされる宝石もあり、むしろ強度を上げるために必要な工程とされることもあります。処理技術の向上で、宝飾品として扱える石も増えました。処理済みであることが記載の上で取引されるのであれば、ポテンシャルを引き上げるために必要な手法なのです。

写真は、1枚に切り出されたアゲートのスライスを、ピザ状に分割してピースごとに異なる処理を施したもの。一見しただけでは、元が同じ石であると思えないくらいに、処理によって見た目が変えられています。

宝石に施される処理

☐ 処理の目的と代表的な方法

　石によって異なる品質基準に対応するために、さまざまな目的に応じた処理が開発されています。従来は、品質向上の目的の処理を「エンハンスメント」、過剰な処理を「トリートメント」と区別していましたが、現在は市場の多くの石が処理済みのため、区別されなくなっています。

色を引き上げる

　色が薄い状態で産出された宝石も、処理によって色を引き上げることができます。そのため、色の濃さが品質の基準であるルビーやサファイアなどで多く採用されています。

〈 加熱 〉

加熱は多くの宝石に施される処理です。不要な色を除去したり、色の成分を変質させることで、求められる色を濃く見えるようにします。例えば、アクアマリンの大部分は加熱によって緑色の成分を取り除き、青を際立たせたもの。ルビーやサファイア、アメシスト、タンザナイト、アンバー、トルマリンなどにも施されることが多いです。

加熱処理が一般的な宝石では、未処理で美しいものは「非加熱」と明記される。写真は希少な非加熱ルビーのリング。

〈 高温高圧 〉

宝石を高温高圧な環境にさらすことで望ましい色に変化させます。ダイヤモンドへの処理が代表的。一部のダイヤモンドはこの処理で無色に近づくことから、 透明度を上げる（P.064）目的でも施されます。

〈 放射線照射 〉

放射線によって構造を変化させ、色合いを変える処理を「放射線照射」あるいは単純に「照射」と呼びます。例えばダイヤモンドは、放射線によってさまざまな色に変化させられるほか、ルビーやサファイア、トパーズ、クオーツなども、同様の処理で美しい色を引き出すことがあります。

不要な色を抜く・色を加える

模様に特徴があるものを除き、多くの宝石は色が均一なもの
が好まれるため、宝石表面のシミや汚れを取り除く処理を施
されることがあります。その一方で、本来産出されない色や、
産出量が極端に少ない色の宝石は、処理によって色づけされ
る場合があります。

漂白

主に施されるのは、多孔質なもの。
例えば、パールや珊瑚、カルセドニ
ーなどが、色を均一に明るくするた
めに漂白されることがあります。

染色

着色料を染み込ませて、本来よりも
美しい色にしたり、天然では産出さ
れない色を楽しむ目的で施されます。
主に多孔質な宝石に用いられ、カル
セドニーやターコイズ、パール、珊
瑚などに多く見られます。

コーティング

宝石表面にほかの物質を蒸着させ、
色合いを調整します。例えば、ダイ
ヤモンドの場合、ピンクやブルーの
色みのものは産出量が少なく、非常
に高価です。そこで、普通のダイア
モンドの表面に金属酸化物などをコ
ーティングして色を調整します。

インテリア用にも色を変化させた石が多
く流通している。写真は鮮やかな青に染
められたアゲートのスライス。

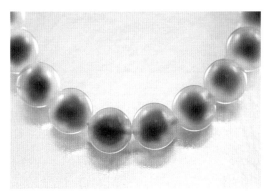

モンゴルのゴビ砂漠で産出され
るアゲートを、漂白処理するこ
とでつくられる「タピオカアゲ
ート」。表面だけを漂白するこ
とで、内部に芯があるような見
た目になっています。

宝石に施される処理

透明度を上げる

不透明・半透明であることが特徴の石を除き、透明度の高さ
は石の見栄えに関わる重要な要素。多くの石が、より透明で
ある方が見栄えがよく、高値で取引される傾向にあるため、
処理によって改善される場合があります。

加熱

色の改善に用いられる処理（P.062）
ですが、不要な色や不純物を取り除
けるので、透明度の改善にも用いら
れます。ルビーやサファイアに見ら
れる針状のインクルージョンも加熱
で取り除かれ、透明度が上がります。

高温高圧

高温高圧な環境にさらすことで不要
な色を除去する処理。透明度を上げ
る目的ではダイヤモンドに用いられ
ることが多く、褐色みが除去され、
無色に近づきます。

ヒビやキズを目立たなくする

ほとんどの宝石において望ましくない状態である、ヒビやキ
ズ。これらを目立ちにくくする目的には、ガラスや樹脂、ワ
ックスなどを用いた処理が施されます。

充填・含浸

主に、透明なガラスや樹脂、オイル、ワック
スなどを用いて、ヒビやキズを埋める処理で
す。強度を上げる目的も兼ねています。ダイ
ヤモンドやルビーなどに施されるほか、ほと
んどのエメラルドに処理が施されています。

写真は未処理（ノンオイル）のエメラル
ドのリング。流通量は極めて少ない。

内部の不純物を取り除く

インクルージョンがその宝石の個性となることもありますが（P.058）、やはり一般的な宝石においては不純物とみなされ、処理によって取り除かれることがあります。

〈 レーザードリリング 〉

基本的にダイヤモンドに施される処理。レーザーを用いて穴を開け、目的のインクルージョンを物理的に取り除きます。ルーペや顕微鏡などで観察すると、処理の有無がはっきりします。

〈 加熱 〉

色を引き上げたり（P.062）、透明度を上げたり（P.064）とさまざまな目的で施される処理ですが、アメシストに含まれる褐色のインクルージョンや、ルビーやサファイアなどの針状のインクルージョンなどは、加熱によって取り除かれます。

Mini Column 01 処理でしか得られない美しさ

写真の虹色の金属光沢を持ったクオーツは、チタンや鉄、金などの金属を蒸着させる処理で生産されたもの。色合いなどの違いによって「アクアオーラ」「エンジェルオーラ」などさまざまな名称で呼ばれていますが、多くの場合「オーラ」と名につくことから「オーラ系クリスタル」と総称されます。

個性的な見た目で比較的安価なため、ビーズなどの小物にも広く用いられるなど、幅広く楽しまれています。

処理技術が生み出し、見出された、新たな美しさだといえるでしょう。

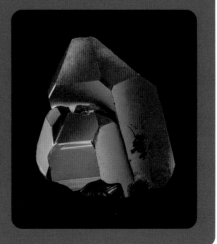

3章

宝石・鉱物の図鑑

多種多様な宝石・鉱物について、それぞれの

特徴や基本データ、選ぶ際のポイント、

取り扱いの注意点などをまとめました。

また、変種やグループ内の種類が多い

石については、分類図でまとめているので、

参考にしてください。

ダイヤモンド

Diamond

金剛石
（こんごうせき）

鉱物名
ダイヤモンド

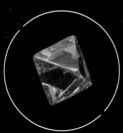

【 Rough stone 】

石の特徴

この世で一番硬度が高い宝石。だたし、硬度はキズつきにくさの指標で、衝撃に対する強さとは異なります。硬いものにぶつけると、カケたり割れたりすることがあるので注意が必要です。限られた条件でのみ生まれる希少な宝石ですが、成分としては炭と同じ炭素。火事などで高温にさらされると、空気中の酸素と結びついて二酸化炭素になってしまい、跡形もなく失われてしまうことがあります。

どうやってできたか

マントル層の上部にあたる地下130〜200km、2000℃以上、7万気圧以上という過酷な環境で生まれます。ただし、ゆっくりと地表に運ばれると、途中で黒く変色。美しいまま人の手に渡るのは、地殻変動で粉砕された岩石がマグマの流れにのって新幹線並みのスピードで地表に届き、一気に冷却された場合のみです。

分類	元素鉱物
化学組成	C
結晶系	等軸晶系
硬度	10
比重	3.52
色	無色／黄色／褐色／ピンク色／青色／緑色／黄緑色／橙色／灰色／白色／黒色
象徴	永遠の絆／清浄無垢／力の増幅
産地	ロシア、ボツワナ、カナダ、コンゴ民主共和国ほか

Memo

古代ギリシャ時代、当時知られていた中で最も硬い宝石だったルビーより何倍も硬い石が発見されたため、詩人へシオドスが「adamas（征服しがたいもの）」と呼びました。それが、「diamond」の名の由来になっています。

世界有数の
ダイヤモンドカッターズブランド
「ラザール ダイヤモンド」のアイコンリング

メレ（小粒の）ダイヤで埋め尽くされた4本のアームが、中央のダイヤモンドをしっかりと支えながら天空へと掲げているかのようなデザイン。リング部分の華やかさがメインのダイヤモンドを印象的に引き立てています。ニューヨークに本拠を構える「ラザール ダイヤモンド」は、1903年以来、世界有数のダイヤモンドのカッターズブランド。この「セレスティアル（CELESTIAL）」は同ブランドのアイコンリング。

Carat：1.00ct〜1.10ct／
Material：プラチナ950
Price：3,652,000円(税込)〜※参考価格
@LAZARE DIAMOND

ダイヤモンドの世界評価基準「4C」とは?

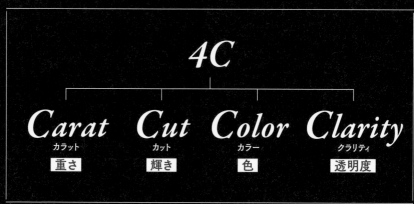

4C

Carat	Cut	Color	Clarity
カラット	カット	カラー	クラリティ
重さ	輝き	色	透明度

1950年代にG.I.A.(米国宝石学会)が開発した、ダイヤモンドの品質評価国際基準が「4C」。「Carat(カラット=重さ)」「Color(カラー=色)」「Clarity(クラリティ=透明度)」という原石に由来する3つの要素の「C」に加え、技術的な要素である「Cut(カット=輝き)」が加わり、それぞれの単語の頭文字をとって「4C」とされています。現在も国際的に使用されている評価基準です。

Carat
重いほど価値が上がる

low									*hight*
0.1 ct	0.2 ct	0.3 ct	0.4 ct	0.5 ct	0.7 ct	1.0 ct	2.0 ct	3.0 ct	5.0 ct
3.0 mm	3.7 mm	4.3 mm	4.8 mm	5.2 mm	5.8 mm	6.5 mm	8.2 mm	9.3 mm	11.0 mm

(写真は原寸、サイズはすべて直径です)

カラットとは、宝石の大きさではなく、重さのこと。重いほど価値が高くなります。大きさに換算するときは、1907年のメートル条約で定められたメートルカラット単位で計算します。ただ、ダイヤモンドは炭素だけの元素鉱物であるため、比重は一定。重さ=大きさと考えても間違いありません。

$$1 ct(カラット)= 0.2g$$

Cut
カット技術が価値を左右する

鉱物を宝石に仕立て上げるには、カットと研磨の技術が必要です。ダイヤモンドの品質を決める「Carat（カラット＝重さ）、Color（カラー＝色）、Clarity（クラリティ＝透明度）」の3つは原石に由来するものですが、「Cut（カット）」は人の技術によるもの。自然の恵みである3つの「C」に加え、人の手による「C」で、最終的に宝石としての輝きが生まれ、価値が決まるのです。

Color
無色透明なほど希少とされる

ごくわずかに黄色がかったものも多いダイヤモンドの原石。結晶内で炭素原子の乱れにより他の原子が入り込むと、別の色を帯びてきます。無色に近い最高品質のものを「D」とし、以降「Z」までの23段階で分類します。このように、無色が良いとされるダイヤモンドですが、天然の発色でピンク、青、緑、黄色などの色合いを持つものも「ファンシーカラーダイヤモンド」として人気。特に純度の高いピンク色の「ピンクダイヤモンド」は希少で高価値とされています。

D	E	F	G	H	I	J	K	L	M	N	O	P	Q	R	～Z
Colorless 無色			*Near Colorless* ほぼ無色				*Faint Yellow* わずかな黄色			*Very Light Yellow* 非常に薄い黄色					*Light Yellow* 薄い黄色

Clarity
天然の内包物があると評価が下がる

ダイヤモンドの透明度を損なうのは、インクルージョンと呼ばれる表面や内部に入り込んだごくわずかな天然の内包物と、ブレミッシュと呼ばれる欠損。その位置や大きさを、10倍にした拡大検査にて11段階で評価されます。

ダイヤモンド「カット」の歴史を辿る

14世紀のヨーロッパでは、ルビー、サファイア、エメラルドより
価値が低かったダイヤモンド。カット技術が発達した1700年代、
他に類を見ない輝きを発したことで、一気にその価値が高まります。

カットしてこそ輝くダイヤモンド

　　モース硬度10を示し、宝石の中で一番硬いダイヤモン
ドのカットは、ダイヤモンドを使うしか手がありません。
しかもへき開（P.036）を持つため、平らな面に沿って割れ
る特性を読んでカットしないと大きく割れてしまいます。
14〜15世紀頃の宝石研磨師は、ダイヤモンドの表面を磨
くと強く光が反射することを発見。また、結晶内部を通る
光は大きく屈折し、表面から出てさらに輝きが増すことや、
内部で分散する作用を見つけ、研究が始まりました。

数学博士マーセル・トルコウスキーの発明

　　ダイヤモンドカットの代名詞ともいわれるラウンドブリ
リアントカット。原型は17世紀のヴェネツィアで生まれ
ます。19世紀にはダイヤモンド産業で栄えたベルギー・
アントワープに、マーセル・トルコウスキー一族がダイヤモン
ドの研磨工場を設立。1代目アブラハム、2代目サム、3
代目ポールと一族でダイヤモンドの加工に従事。数学
博士でもあった4代目マーセルは1919年に、著書である
『DIAMOND DESIGN』に自身の発明した理想的なカッ
ト「アイディアルラウンドブリリアントカット」を発表します。

4代目マーセル・トルコウスキー
写真協力：©EXELCO DIAMOND

「アイディアルラウンドブリリアントカット」とは？

　　光学理論と数学的理論による計算から、ダイヤモンドが
最も輝く光の屈折と分散率を割り出したマーセル・トルコ
ウスキー。ダイヤモンドの理想的な輝きを放つデザインと
して著書に発表したのが、「アイディアルラウンドブリリ
アントカット」です。下の突った部分（キューレット）をカッ
トすると58面体、カットしないと57面体になるデザイン
で、100年以上経った今なお、ダイヤモンドを最も美し
く輝かせるカットの方程式として君臨しています。

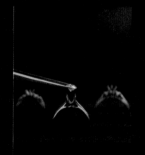

写真協力：©EXELCO DIAMOND

726ctの巨大原石のカットに成功した
ラザール・キャプラン

　その後、理想的なカットを施したのが、従兄弟のラザール・キャプランでした。「アイディアルメイク」は白色光（ブリリアンシー）、分散光（ファイア）、石の表面のきらめき（シンチレーション）が最高のバランスに。石の大きさが重視された時代に、キャプランはカットの重要性を説きます。1935年、ニューヨークの宝石商ハリー・ウィンストンは726ctの巨大原石のカットをキャプランに依頼。へき開を的確に読まなければ粉々に砕けてしまうというリスクを背負い、1年以上をかけて12個の宝石を生み出しました。

左／カット中のラザール・キャプラン。下／726ctのヨンカーダイヤモンド、原石とカット模型。

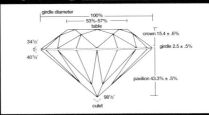

G.I.A.が定めたエクセレントカット

　カットの重要性を説き、基準のひとつとして加える提言をしたキャプラン。それまで3Cだった基準を4Cへと確立させることに貢献しました。その後、国際的なダイヤモンド評価機関であるG.I.A.が独自に再計算を行い、新たに別のエクセレントカットを制定します。

　そして、1990年代になるとレーザーソーイング技術（レーザーによる加工技術）が発達。へき開を読まずとも、ダイヤモンドをカットすることが可能になりました。かつては、優れた研磨師といえばダイヤモンドのへき開が読める優れたクリービング職人のことでしたが、現代はへき開に沿ってダイヤモンドを割らなくてもよくなりました。

Mini Column **01** ガビ・トルコウスキーによるザ・センテナリー

　1986年、プレミアム鉱山で採掘された599ctの原石を、デビアス社はガビ・トルコウスキーに研磨を依頼。ガビ氏は約3年をかけ、247ものファセットをもつ世界最大の最高傑作といわれる芸術品に仕立てました。

写真協力：©EXELCO DIAMOND

599ctもの原石から研磨されたダイヤモンド。

ルビー

Ruby

紅玉
こう　ぎょく

鉱物名

コランダム

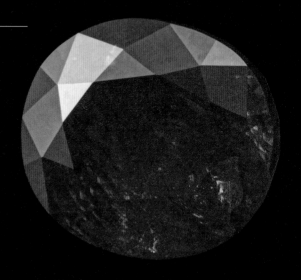

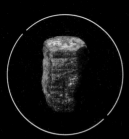

【 Rough stone 】

石の特徴

コランダムという鉱物のうち、酸化クロムが結びついて、赤く発色したもの。その他の色は、サファイア（P.077）、または単にコランダムと呼ばれます。結晶する母岩（周辺の岩石）の種類により、鉄やチタンなどが不純物として多く取り込まれると、黒みや紫みを増します。ダイヤモンドに次いで硬度が高く、日常的に身に着ける宝飾品には最適な石。ただし、ほかの宝石とこすれると、硬度の高さゆえに相手をキズつけてしまう点には注意が必要です。

どうやってできたか

地下のマグマが上昇し、熱いマグマが石灰岩の中に入り込むと、マグマに触れた部分の結晶が大きく成長し、大理石へと変化します。その際に、石灰岩の中に含まれていた不純物の成分と、マグマに含まれている成分とが反応して、ルビーができるのです。

分類	酸化鉱物
化学組成	Al_2O_3
結晶系	六方晶系（三方晶系）
硬度	9
比重	3.99〜4.05
色	赤色／帯紫赤色
象徴	情熱／血液の浄化／永遠の生命
産地	ミャンマー、タイ、マダガスカル、タンザニア、ケニア、ベトナム、スリランカほか

Memo

太陽に当たると燃えるような赤色に輝くことから、古代ギリシャ・ローマ時代には「燃える石炭」と呼ばれ、「神がかった石」とされていました。

モゴック（ミャンマー）産

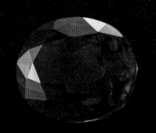

「ピジョンブラッド（鳩の血）」
に形容される鮮やかな赤色

ルビーの中でも最高級とされる「モゴック産」。
「ピジョンブラッド（鳩の血）」といわれる、写
真のような鮮やかな赤色が特徴です。透明度が
あり美しく輝きます。ミャンマーでは15世紀
頃からルビーが採られ、イギリスの植民地時代
には、モゴックのルビー鉱山もイギリスの手に。
その後、ミャンマー政府が国有化して採掘を制
限しましたが、現在では緩和されています。

モンスー（ミャンマー）産

ミャンマーでモゴックの次に
人気の産地「モンスー」

ミャンマーでモゴックよりやや南にある「モン
スー鉱山」のルビー。結晶に青色が交じるのが
特徴でしたが、1990年代前半に加熱処理技術
が向上。青色が除去され、鮮やかな赤色の輝き
が生まれたことで人気も価値も高まりました。
基本的にミャンマーのルビーは大理石を母岩と
し、クロム以外の不純物が少ないため、他の産
地より色が鮮やかなことが写真でもわかります。

タイ産

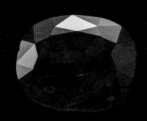

黒っぽい赤色になるのは、
鉄分が多いため

写真のような、黒っぽい赤色が特徴。その色は
「ダークレッド」「ビーフブラッド（牛の血）」な
どと呼ばれます。ルビーの赤色はクロムによる
ものですが、「タイ産」は鉄分の含有量が多く、
蛍光するクロムに対し、鉄分は蛍光を抑制する
作用があるため、鮮やかな赤さが失われます。
現在は、加熱処理により黒っぽさを除去し、鮮
やかな赤色が出るようになりました。

モザンビーク産

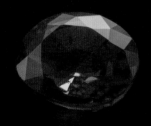

モザンビークベルトで採れる
やや紫がかった色のルビー

写真のように紫がかった赤色が特徴。多くは加熱処理されます。ルビーの産地には、モザンビークをはじめアフリカの国が知られていますが、これは5億5000万年前、南アメリカ、アフリカ、インド、マダガスカル島などが巨大なゴンドワナ大陸を形成していたため。地殻変動によってルビーが生まれやすい地帯ができました。その一帯をモザンビークベルトと呼びます。

ベトナム産

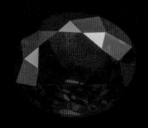

高品質なものは
ミャンマー産に匹敵するものも

1980年頃まで宝石採掘が行われていなかったベトナム。地質学者がルビーやスピネルを偶然発見したことをきっかけに調査が進み、ルビーの鉱床が見つかります。写真のような赤みのある明るい紫が特徴です。残念なことに、世界市場に出回る際、合成ルビーが交ざっていたため、「粗悪」の烙印を押されてしまいますが、実際には高品質なものも産出されています。

スリランカ産

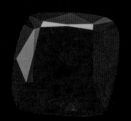

漂砂鉱床から採れるルビーは
ピンクがかった明るい赤色

紀元前から多くの宝石を産出していたスリランカ。「宝石の島」といわれ、宝石にまつわる歴史を多くもつ国です。かつて、ソロモン王がシバの女王にルビーを贈るために、使者をスリランカに送ったという話も残っています。色はピンクがかった明るい赤色が特徴で加熱処理されます。写真にうっすらと見える絹糸のような繊維状のインクルージョンも特徴です。

サファイア

Sapphire

青玉
せいぎょく

鉱物名

コランダム

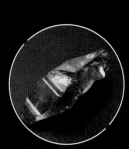

【 Rough stone 】

石の特徴

透明感のあるブルーが特徴のサファイアですが、鉱物種としては、ルビー（P.074）と同じ「コランダム」です。結晶する際に取り込まれた不純物元素により、発色が異なります。青、あるいは赤以外の色は、すべてサファイア、またはコランダムと呼ばれます。ルビーと同じコランダムであるため、基本的な性質は一緒。ダイヤモンドに次いで硬い宝石のため、日常的に身に着ける宝飾品に向いた石です。

どうやってできたか

熱いマグマが石灰岩の中に入り込み、マグマに触れた部分の結晶が大きく成長し、石灰岩は大理石へと変化。このとき、石灰岩の中にアルミニウムに富んだ溶液が溜まり、それが結晶として成長します。その際に、微量の鉄やチタンが入ることで、青く発色し、サファイアとなります。

分類	酸化鉱物
化学組成	Al_2O_3
結晶系	六方晶系（三方晶系）
硬度	9
比重	3.99〜4.05
色	青色／無色／緑色／黄色／黄金色／ピンク色／赤紫色／紫色／橙色／灰色／黒色
象徴	洞察力／（特に青色石が）憎悪感の緩和／霊魂の沈静
産地	ミャンマー、インド、スリランカ、マダガスカルほか

Memo

古代ペルシャの国では、「大地は青いサファイアでできていて、太陽の光が地面の色を映し出すことで、青空の色をつくっている」と思われていたようです。

カシミール産

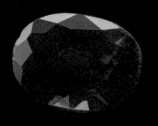

いまはもう産出されない
「幻の宝石」

写真のような少し白っぽさがある紫がかった上品なブルーが特徴で、「コーンフラワーブルー」（矢車草の青色）といわれます。「カシミール産」は、インドとパキスタンの国境辺りで採れたサファイアを指し、1881年頃に発見されたものの、わずか数年で枯渇。当時採れた大型の結晶が、今も高値で取引されています。現在ではもう産出されず「幻の宝石」とされています。

マダガスカル産

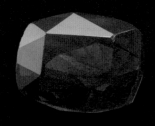

「カシミール産」に近い青色が
採れる国・マダガスカル

5億5000万年前、巨大なゴンドワナ大陸の一部だったマダガスカルは、最高級ルビーが採れるミャンマーや、カシミールを有するインドなどと同じ造山活動により、宝石が生まれる地帯となったといわれています。そのため、マダガスカルのサファイアは、カシミール産に近い色みだといわれ、写真でも見られるような柔らかで鮮やかな透明度のあるブルーが魅力です。

スリランカ産

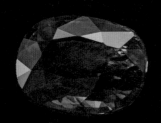

チャールズ皇太子が婚約指輪に
選んだスリランカ産サファイア

ラトナプラ地域の宝石が含まれた堆積砂利層で採れます。写真でもわかるような透明度の高さが特徴です。色が薄すぎても濃すぎてもグレードが下がりますが、中にはコーンフラワーブルーと呼ばれるにふさわしい色のものも見られます。チャールズ皇太子がダイアナ妃に贈った婚約指輪がスリランカ産サファイアだったことから、一時は最も人気な産地のひとつでした。

パパラチアサファイア

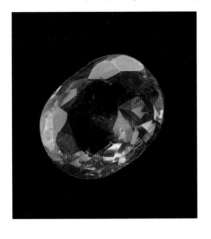

「蓮の花」の色をもつ
世界でも稀有な石

シンハラ語で「蓮の花」を指す「パパラチア」の名の通り、蓮の花のようなオレンジ色を帯びたピンク色のサファイアです。パパラチアに認定される色の基準は国によって異なりますが、写真のようなピンクとオレンジの中間という微妙かつ美しい色合いのものは非常に少なく、アレキサンドライト（P.175）、パライバトルマリン（P.101）と並び、世界三大希少石のひとつとされます。

ファンシーカラーサファイア

カラーバリエーション豊富な
美しいサファイアの総称

コランダムのうち、赤でも青でもない色を持ち、美しいものは、ファンシーカラーサファイアと呼ばれます。銅やマンガン、バナジウムなどの微量成分が混ざることで、ピンク、グリーン、イエロー、オレンジ、紫などに発色するため、写真の通り、おおよそひと通りの色が揃います。特にピンクが人気の傾向があり、透明度が高いものは高値で取引されることがあります。

スリランカ産パパラチアサファイアの指輪。周囲を彩るのはピンクダイヤモンド。

コランダムのジュエリー

上／9ct以上あるルビーが迫力のリング。ベトナム産のルビーをオーバルカットしたもの。台座を囲むのはダイヤモンド。　下／スター効果がハッキリ出ているミャンマー産サファイアのリング。周囲を2連で囲むのは1.8ctのダイヤモンド。

「スター効果」を持つ石

カボションカットされた宝石に、光の筋が3本交差して現れる現象を「スター効果」といいます。その名の通り、宝石に星が入り込んだように見える特別な輝きです。1本の光の筋が入る場合は、猫の目のように見えることから「キャッツアイ効果」といいます。

スタールビー

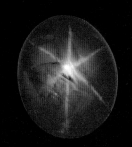

絹糸の束のような光の筋が
6方向に走り星をつくる

コランダムには、酸化チタンが含まれることがあります。これが石の中で針状に結晶化し、3方向に平行に並ぶと、シルクのような光の筋が6条（3条の中心部が重なった形）となって表面に現れることがあります。これを「スター効果」といい、三方晶系や六方晶系の宝石・鉱物をカボションに研磨することで輝きます。一方で、スターがあまり強く出ていると、ルビーの透明度は失われてしまいます。

スターサファイア

スリランカ産の
バイオレットスター
サファイアの指輪。

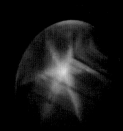

6条の光の筋のほかに、
4条、12条なども

ルビーと同じコランダムであるサファイアにもスター効果が現れます。青に白のコントラストは鮮やかに見えるため、特に人気です。ほかにもクオーツ、ガーネット、スピネル、ダイオプサイトなどにもスター効果は出現します。別名「アステリズム効果」とも呼ばれ、6条の光の筋が一般的ですが、4条（十字）、1条（キャッツアイ）、12条になることもあります。

エメラルド

Emerald

翠玉、緑玉
<small>すいぎょく りょくぎょく</small>

鉱物名
ベリル

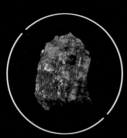

【 Rough stone 】

石の特徴

紀元前4000年頃のバビロニアや、もっと古い時代の
エジプトで、すでに宝飾品に利用されていました。流
通しているもののほとんどは、ヒビや表面の凹凸をオ
イルや樹脂で埋め、透明に見えるよう処理されていま
す。エメラルドには一般的な手法で、使っているうち
に招く品質低下からの保護も担っています。洗剤や超
音波洗浄機を使って洗浄すると、オイルなどが落ちて
品質低下を招く恐れがあるので、避けるべきです。

どうやってできたか

上昇するマグマが地下深くの岩盤に接触し、熱で岩石
が変性。アルミニウムやベリリウムが含まれたマグマ
が岩石に入り込み、冷えて結晶をつくる際に、わずか
なクロムを取り込んで緑色に発色します。また、地殻
運動による圧力や熱による鉱物の変化でも、同じ要領
でエメラルドが生まれます。

分類	ケイ酸塩鉱物
化学組成	$Al_2Be_3[Si_6O_{18}]$
結晶系	六方晶系
硬度	7.5〜8
比重	2.68〜2.78
色	緑色（濃淡）
象徴	幸運／幸福
産地	コロンビア、アフガニスタン、ブラジル、ザンビアほか

コロンビア産の深い緑色のエメラルド
（約1.6ct）を敷き詰めた指輪。

Memo

クレオパトラが愛した宝石として有名
で、自分の名をつけた鉱山を持って
いたといわれています。

コロンビア産

世界の王侯貴族に愛された
高品質エメラルド

インクルージョンが発生しやすいエメラルドですが、写真にも写っている結晶中の微細な空洞内に、塩水が入っているのがコロンビア産の特徴。その理由は、コロンビアはかつて海の底だったため。大陸プレート移動により、ベリリウムを含んだ熱水鉱脈が塩基性の岩盤に入り込み、エメラルドが生まれました。結晶の中には塩水に加え、固体や気体が入ることもあります。

ザンビア産

インクルージョンが少なく
透明度の高いグリーンが特徴

アフリカ南部の国・ザンビアのエメラルドは、コロンビア産に比べ透明度が高く青みを帯びた色で、インクルージョンが少ないことが写真でもわかります。ザンビアでは1920年代にエメラルドの採掘が始まって以降、採掘や調査の継続で新たな鉱床が発見され、1970年代から産出量が増加。国や民間企業の間で鉱山の所有権が行き来しながら、市場が広がっていきました。

ブラジル産

さまざまな緑色のエメラルドが
安定的に産出される国

1520年代、コロンビアでのエメラルド発見に刺激を受け、ブラジルでも採掘が始まりました。当初はトルマリンしか見つかりませんでしたが、1960年代にバイア州で発見され、カルナイーバ鉱山が有名に。1970～80年代にはミナス・ジェライス州のイタビラ鉱区で安定した量が産出されるようになります。写真のような明るい緑色から濃い緑色まで、幅広い色があります。

トラピッチェエメラルド

Trapiche Emerald

コロンビア産トラピッチェエメラルドのペンダントブローチ。中央はダイヤモンド。

翠玉
<small>すいぎょく</small>

鉱物名
ベリル

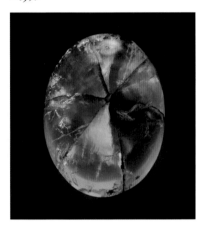

コロンビア産が有名。
その数は少なく、希少価値が高い

写真でも見られるような、石の中心から放射状に広がる6本の線を特徴とするエメラルド（P.082）です。トラピッチェとはスペイン語で「歯車」のこと。この模様は、エメラルドの結晶の形が六角形であることに起因しています。エメラルドの成長途中に不純物（別の結晶など）が入り込むと、結晶の結合部分にその不純物が溜まります。その後、エメラルドの結晶が成長するにしたがい、放射状の模様が形成されると考えられています。コロンビアやブラジル、マダガスカルでも発見されていますが、その数は非常に少なく、希少価値が高いです。

エメラルドキャッツアイ

Emerald Cat's-eye

翠玉
<small>すいぎょく</small>

鉱物名
ベリル

コロンビア産のエメラルドキャッツアイ。約1ct。

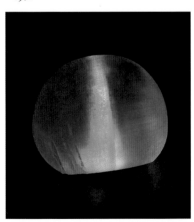

インクルージョンに光を当てると
光の筋ができるエメラルド

光を当てると、猫の目のような光の筋（キャッツアイ効果）が見えるエメラルド（P.082）。写真でも上下に走る細かな筋が見えるように、内部にチューブ状（管状）のインクルージョンがある石をカボション型にカットすることで、この特徴が生かされます。キャッツアイ効果がある宝石は、通常のものより価値があるとされますが、中でもエメラルドのキャッツアイは希少。全体の数%程度しかないと考えられています。

エメラルドのジュエリー

トラピッチェエメラルド

希少なトラピッチェエメラルドをメイン
に、さらにエメラルドとダイヤをあしら
ったぜいたくなペンダント。

ノンオイルエメラルド

オイルなどによる処理が行われていない、
ノンオイルエメラルドのリング。通常、
流通しているエメラルドのほとんどは処
理が施されているので、無処理のものは
希少です。

ザンビア産エメラルド

両脇に約0.3ctのダイヤモンドが並ぶデザ
インのリング。エメラルドは約0.7ct。

アクアマリン

Aqua Marine

藍玉、藍柱石
<ruby>藍<rt>らん</rt></ruby><ruby>玉<rt>ぎょく</rt></ruby>、<ruby>藍<rt>らん</rt></ruby><ruby>柱<rt>ちゅう</rt></ruby><ruby>石<rt>せき</rt></ruby>

鉱物名
ベリル

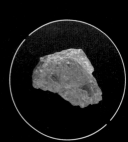

【 Rough stone 】

石の特徴

フランス・ルイ16世の王妃マリー・アントワネットが愛したことでも有名な宝石。エメラルド（P.082）と同じベリルで、微量な鉄により、澄んだ水色が生まれます。色は青から緑がかった青までと狭く、特に写真のように青が濃いものほど価値があるとされます。加熱処理によって青が際立つことから、流通しているものは、処理を施されていることがほとんどです。

どうやってできたか

マグマからベリリウムやフッ素に富んだ流体が分離され、それらが冷えて結晶になることで、ベリルが誕生します。このとき、わずかな量の鉄が混ざると青く発色し、アクアマリンとなります。一方、マグマに含まれた流体が水やガスの成分とともに結晶化するとペグマタイトという火成岩ができます。

分類	ケイ酸塩鉱物
化学組成	$Be_3Al_2Si_4O_{18}$
結晶系	六方晶系
硬度	7.5〜8
比重	2.63〜2.83
色	青〜緑がかった青（濃淡）
象徴	新しい船出／沈着／勇敢／聡明
産地	ブラジル、パキスタン、マダガスカルほか

ダイヤの曲線ラインが中央のアクアマリンを大きく見せるデザイン。

Memo

ヨーロッパでは古代から人気の宝石で、ラテン語で「海の水」を意味し、海軍の兵士たちのお守りとされていました。

ヘリオドール

Heliodor

緑柱石
<small>りょくちゅうせき</small>

鉱物名
ベリル

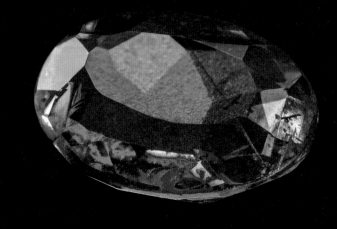

石の特徴

18世紀、フランスの科学者が淡く緑がかった石の中から新しい鉱物を発見。ベリリウムを含むことから「ベリル」と名づけ、同様の鉱物を「ベリル系」と分類しました。のちにエメラルド（P.082）やアクアマリン（P.086）からもベリリウムが検出されましたが、すでに宝石名が確立していたため、それ以外をヘリオドール、または「○○ベリル」と呼ぶことになりました。人気が高いのは、黄金色の「ゴールデンベリル」。加熱処理で青色が濃くなったものは、アクアマリンとして流通することがあります。

カラーバリエーションと名称

現在、ヘリオドールの中でも黄色いものは「イエローベリル」、オレンジ色〜黄金色のものは「ゴールデンベリル」、写真のような黄緑色のものは「ヘリオドール」と呼ばれています。

分類	ケイ酸塩鉱物
化学組成	$Al_2Be_3[Si_6O_{18}]$
結晶系	六方晶系
硬度	7.5〜8
比重	2.63〜2.92
色	黄色〜黄緑色
象徴	洞察力の向上／統率力の向上
産地	ブラジル、マダガスカル、インドほか

約0.6ctの
ヘリオドールの
ペンダントトップ。

Memo

「ヘリオス（Helios）」はギリシャ語で太陽、「ドロス（Doros）」は贈り物。ヘリオドールは、「太陽から贈られしもの」の意味を持つ造語です。

モルガナイト

Morganite

緑柱石、モルガン石

鉱物名
ベリル

石の特徴

マンガンによって、写真のようなピンクからオレンジがかったピンク色に発色したベリル。以前は「ピンクベリル」と呼ばれていましたが、その後、ニューヨークの宝飾店ティファニーの宝石学者、ジョージ・フレデリック・クンツによって「モルガナイト」と名づけられました。淡い色合いのものが一般的なため、濃いピンクのものほど価値があるとされています。

ジョージ・フレデリック・クンツ

アメリカのニューヨーク州マンハッタン生まれの鉱物学者。宝飾店ティファニーの初期宝石鑑別士であり副社長を務めた人物です。ちなみに、リシア輝石（スポジュミン）の新種・ピンク色の「クンツァイト」（P.144）は、クンツ博士の発見によるもの。彼の名「クンツ」にちなんで名づけられた宝石です。

分類	ケイ酸塩鉱物
化学組成	$Al_2Be_3[Si_6O_{18}]$
結晶系	六方晶系
硬度	7.5〜8
比重	2.63〜2.92
色	ピンク〜オレンジがかったピンク
象徴	落ち着き
産地	ブラジル、マダガスカル、モザンビークほか

淡いピンクの色合いが優しい
モルガナイトの指輪。約2ct。

レッドベリル

Red Beryl

緑柱石
りょくちゅうせき

鉱物名

ベリル

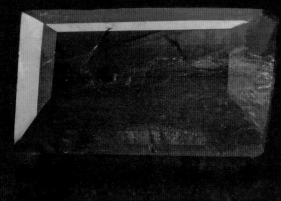

【 Rough stone 】

石の特徴

ベリルの中で、写真に見られるマンガン由来の濃い赤色を持つもの。アメリカのユタ州のごく一部でしか見つかっていません。その希少性から、「赤いエメラルド」と形容されます。主要な鉱山が閉山しているため、質が高いものの入手は困難で、ダイヤモンド（P.068）よりも高値で取引されることもあります。

別名「ビスクバイト」について

かつて、発見者である鉱物学者のメイナード・ビクスビー氏にちなみ、「ビクスバイト(Bixbite)」とも呼ばれていました。しかし、その頃すでに、「ビクスビ鉱(Bixbyite)」というよく似た名前がつけられた鉱物が存在していました。音も綴りもよく似た名称は混同を招く恐れがあることから、現在では「レッドベリル」の呼び名に統一。ただし、流通時には「レッドベリル（ビクスバイト）」などと表記されることがあります。

分類	ケイ酸塩鉱物
化学組成	$Al_2Be_3[Si_4O_{18}]$
結晶系	六方晶系
硬度	7.5〜8
比重	2.63〜2.92
色	濃いピンク〜ピンク赤色（濃淡）
象徴	洞察力の向上／統率力の向上
産地	アメリカ（ユタ州）

スッキリとした
デザインのレッドベリルの指輪。

ベリルの分類・バリエーション

ベリルは、ベリリウムという元素を含む鉱物の総称。本来無色の鉱物ですが、微量な成分を含むことで、さまざまな色に発色します。代表的なものはクロムにより緑に発色したエメラルドで、その他、鉄を含むと青や黄色、マンガンを含むと赤など、さまざまな色になり、それぞれ宝石としての名称も区別されます。

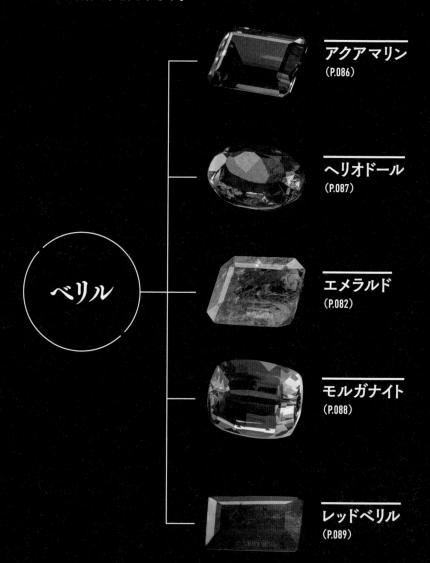

アクアマリン
（P.086）

ヘリオドール
（P.087）

ベリル

エメラルド
（P.082）

モルガナイト
（P.088）

レッドベリル
（P.089）

模様や効果の
さらなるバリエーション

ベリルの仲間も、結晶が成長する過程で他の鉱物を取り込んで模様
が生まれたり、インクルージョンによって特別な輝きを見せたりします。
以下は、エメラルドに見られる模様や効果の代表的なものです。

トラピッチェエメラルド
（P.084）

6本の
放射状の
模様

エメラルドキャッツアイ
（P.084）

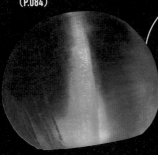

インクルージョン
による
猫の目のような
光の筋

パイロープ
ガーネット

Pyrope Garnet

苦礬柘榴石
（くばんざくろいし）

鉱物名
ガーネット

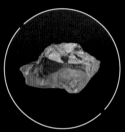

【 Rough stone 】

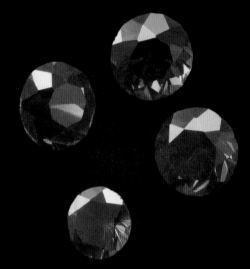

石の特徴

2系統あるガーネット（P.096-097）のうち、アルミニウムを含むもの。色は写真のような赤が多いですが、アルミニウム以外のマグネシウム、鉄、マンガンなどの複数の成分も混じり合いやすく、その分量や混ざり具合により、微妙な色の違いが生まれます。その中でも、鮮やかで深みを感じる赤色のものが評価されます。

どうやってできたか

地球の上部マントル層にあたる地下100km付近、温度は1000℃前後、3万気圧の環境で結晶ができます。パイロープガーネットの場合は、マグネシウム、アルミニウム、ケイ酸が結合した結晶ができ、マグマの上昇とともに地表に運ばれます。

分類	ケイ酸塩鉱物
化学組成	$Mg_3Al_2(SiO_4)_3$
結晶系	等軸晶系
硬度	7.5
比重	3.7
色	赤
象徴	-
産地	チェコ、イタリア、ノルウェー、日本ほか

約5.3ctのパイロープ
ガーネットの指輪。

Memo

パイロープは、ギリシャ語で「炎のような赤」の意味。

グロッシュラー
ガーネット

Grossularite Garnet

灰礬柘榴石
<small>かい ばん ざく ろ いし</small>

鉱物名
ガーネット

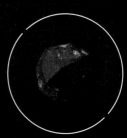

【 Rough stone 】

石の特徴

ガーネットの2系統のうち、カルシウムをもつ系統です。微量成分によって、褐色や緑など、さまざまな色に発色します。多くは不透明で、写真のように透明なものは少数。一方で、ダイヤモンド（P.068）などに次いで屈折率が高いため、透明なものは魅力的なきらめきを見せます。

色によって異なる名前を持つ

豊富なカラーバリエーションと屈折率の高さによる特有のきらめきから、色によって特別な名前がつけられて流通しています。特に、エメラルドのような緑色と輝きを持つものはツァボライト（P.095）と呼ばれ、価値が高いとされています。

分類	ケイ酸塩鉱物
化学組成	$Ca_3Al_2(SiO_4)_3$
結晶系	等軸晶系
硬度	6.5〜7.5
比重	3.61
色	無色／褐色／緑
象徴	-
産地	ケニア、イタリア、スリランカ、メキシコほか

Memo

このガーネットの結晶と似た形の実をつける「グーズベリー」という植物の古い学名「Grossularia」が名の由来です。

ロードライトガーネット

Rhodolite Garnet

薔薇柘榴石
ばらざくろいし

鉱物名
ガーネット

紫がかった赤色のガーネット

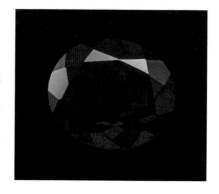

ガーネットは異なる種類同士で混ざりやすい性質があり、ロードライトガーネットはパイロープ（P.092）とアルマンディン（中段）の中間的な立ち位置にあります。最初に発見されたアメリカの鉱山は枯渇しましたが、その後、タンザニアなどで採掘されるように。写真のような、紫が濃いものが良いとされています。

アルマンディンガーネット

Almandine Garnet

鉄礬柘榴石
てつばんざくろいし

鉱物名
ガーネット

強固さで研磨剤に利用された石

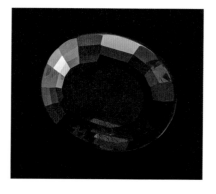

ガーネットの中で最も多く産出されるため、宝石としての用途のほか、「研磨剤」としても利用されてきました。そのため、比較的安価に入手できます。日本では金剛砂（こんごうしゃ）とも呼び、金剛不壊（こんごうふえ）という仏教における「最も強固で何ものにも破壊されない」という意味の名がつけられていました。

スペサルティンガーネット

Spessartine Garnet

満礬柘榴石
まんばんざくろいし

鉱物名
ガーネット

アルマンディンと混ざり合うことも

アルミニウム系ガーネットのひとつで、写真の通り鮮やかなオレンジ色が特徴。アルマンディン（中段）と混ざり合うことが多く、その場合は褐色がかった暗い赤色になります。特に価値が高いのは、黄色がかったオレンジ色のもので、「マンダリンガーネット」と呼ばれています。

アンドラダイトガーネット

Andradite Garnet

<ruby>灰<rt>かい</rt>鉄<rt>てつ</rt>柘<rt>ざく</rt>榴<rt>ろ</rt>石<rt>いし</rt></ruby>　鉱物名 ガーネット

虹色の輝きが出るのが特徴

光の分散度がダイヤモンドより高く、ブリリア
ントカットをすると、強いファイア（虹色の輝
き）が出ます。その美しさから、古くから宝飾
品として使われてきました。写真のような黄色
から緑色、褐色や黒までの色合いが見られます
が、特に透明感のある緑色のディマントイドガー
ネット（中段）が最高級とされています。

ディマントイドガーネット

Demantoid Garnet

<ruby>翠<rt>すい</rt>柘<rt>ざく</rt>榴<rt>ろ</rt>石<rt>いし</rt></ruby>　鉱物名 ガーネット

"ダイヤモンドのような"きらめき

アンドラダイトガーネット（上段）の中で、写
真のように透明感のある緑色をもったもの。そ
のきらめきの美しさから"ダイヤモンドのよう
な"の意味で名づけられ、ガーネットの中では
最高価格で取引されています。結晶の中に放射
状に広がる繊維「ホーステール」が見られるも
のは特に価値が高いとされています。

ツァボライト

Tsavorite

<ruby>灰<rt>かい</rt>礬<rt>ばん</rt>柘<rt>ざく</rt>榴<rt>ろ</rt>石<rt>いし</rt></ruby>　鉱物名 ガーネット

エメラルドにも匹敵する深い緑色

グロッシュラーガーネット（P.093）の中で、緑
色の光を放つのがツァボライト。写真のような
深い緑色はエメラルドの輝きにも匹敵するとい
われています。1967年にケニアのツァボ国立
公園の近くで発見され、この名がつきました。
鮮やかで透明度が高いものが評価されますが、
大きなものは少ないため、高値で取引されます。

ガーネットの分類・バリエーション

ガーネットは単一の宝石名ではなく、異なる成分でできたさまざまな石を包括したグループ名。色は無色・赤・褐色・黄・緑など多様で、透明度もばらつきますが、構成する成分をもとに、グロッシュラー系とパイロープ系の大きく2系統に分けられます（詳細は右ページ下）。

ガーネット

構造の特定部位にカルシウムを含む

グロッシュラー系 ガーネット

構造の特定部位にアルミニウムを含む

パイロープ系 ガーネット

グロッシュラー系 ガーネット

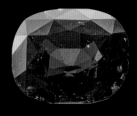

グロッシュラーガーネット
（P.093）

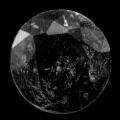

アンドラダイトガーネット
（P.095）

ツァボライト
（P.095）

パイロープ系 ガーネット

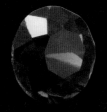

パイロープガーネット
（P.092）

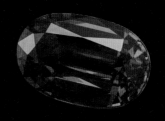

スペサルティンガーネット
（P.094）

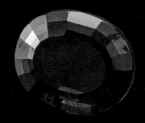

アルマンディンガーネット
（P.094）

ロードライトガーネット
（P.094）

> パイロープ
> ガーネットと
> アルマンディン
> ガーネットが
> 混ざったもの

成分によるガーネットの分けかた

$$X_3 Y_2 (SiO_4)_3$$

X_3またはY_2にCaやAlが入り、さらに他の成分との組み合わせによって多数の変種ができる。

グロッシュラー系 Xに Ca（カルシウム）が入るもの		混合系	パイロープ系 Yに Al（アルミニウム）が入るもの	
ディマントイドガーネット	$Ca_3Fe_2(SiO_4)_3$	ロードライトガーネット	パイロープガーネット	$Mg_3Al_2(SiO_4)_3$
アンドラダイトガーネット	$Ca_3Fe_2(SiO_4)_3$	$(Mg,Fe)_3 Al_2 (SiO_4)_3$	アルマンディンガーネット	$Fe_3Al_2(SiO_4)_3$
ツァボライト※	$Ca_3Al_2(SiO_4)_3$		スペサルティンガーネット	$Mn_3Al_2(SiO_4)_3$

※ツァボライトはYにAlが入るが、XがCaであるため、グロッシュラー系に分類される

グリーントルマリン

Green Tourmaline

電気石
でん　　き　　せき

鉱物名

トルマリン

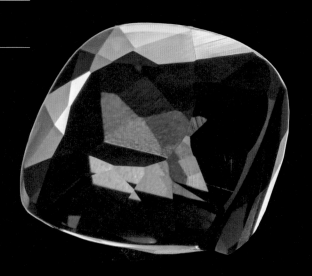

【 Rough stone 】

石の特徴

トルマリンとは、全13種からなる鉱物のグループ名。加熱したり結晶に圧力をかけると静電気が発生することから、「電気石」と呼ばれます。一般的な色は写真のような緑色のトルマリンで、特に深いグリーンのものが人気。多くが角度によって色が異なって見える多色性を持つため、ルースにする場合は魅力的な色に見える方向が正面になるようにカットされます。

どうやってできたか

マグマから岩石ができる際に、熱で岩石の中の水分やガスが抜け、空洞になることがあります。そこにナトリウム、リチウム、アルミニウム、ケイ酸などを含んだ溶液が入り込み、地殻変動により地表に届く際に冷やされて、結晶が育ちます。

分類	ケイ酸塩鉱物
化学組成	構造式$XY_9B_3SiO_4O_{27}$で表され、Xの位置にはCa、Na、K、Mnが入る。Yの位置にはMg、Fe、Al、Cr、Mn、Ti、Liが入る。
結晶系	六方晶系（三方晶系）
硬度	7〜7.5
比重	3.03〜3.31（種別により大きく変わる）
色	無色／白色／黒色／緑色／青色／水色／ピンク色／橙色／紫色／黄色／黄金色
象徴	成功／慢心
産地	ブラジル、アメリカ（カリフォルニア州）、タンザニア、ケニア、ジンバブエほか

バイカラートルマリン

Bicolor Tourmaline

電気石　鉱物名　トルマリン

でんきせき

自然が織りなす2色のグラデーション

ラテン語で「2つの」を意味する「Bi（バイ）」を冠する、「2色を持つトルマリン」。3色は「トリカラー」、3色以上は「パーティ・カラード・トルマリン」と呼ばれます。写真のように、結晶の成長初期に鉄を取り込んだグリーンと、その後マンガンを取り込んだピンク、その2色のコントラストが鮮やかなものが人気です。

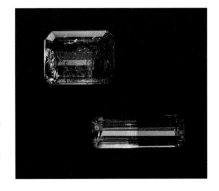

ウォーターメロントルマリン

Watermelon Tourmaline

電気石　鉱物名　トルマリン

でんきせき

輪切りにしたスイカのような色合い

その名の通り、結晶を輪切りにすると、まるでスイカの断面のように見えるトルマリン。宝飾品にする場合、輪切りの形状を生かしたカットが一般的です。トルマリンの中でも人気があり、特に色のメリハリがはっきりしたものが好まれます。ピンクとグリーンが逆になっている「リバース・ウォーターメロン」も存在します。

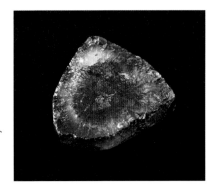

トルマリンキャッツアイ

Tourmaline Cat's-eye

電気石　鉱物名　トルマリン

でんきせき

さまざまな色でキャッツアイが発生

チューブ状のインクルージョンが一方向に並ぶことで、光がひと筋に輝く「キャッツアイ効果」を持ったトルマリン。トルマリンのうち、キャッツアイ効果がよく見られるのはグリーンです。写真のようなブルーや、ピンク、バイカラーなど、ほかの色のものは希少。

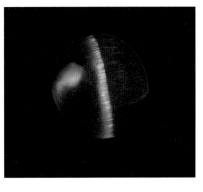

ルベライト

Rubellite

紅電気石
べに でん き せき

鉱物名
トルマリン

ルベライトの存在感が際立つペンダントトップ（約24ct）と指輪。

濃い赤から濃いピンク色のトルマリン

多くのカラーバリエーションをもつトルマリンの中で、濃い赤色を持った希少なトルマリン。写真のような深みのある赤を血液にたとえた、「ピジョンブラッド（鳩の血）」と呼ばれる色のものが最高品質とされます。濃い赤のものより、ピンク色の方が透明度が高い傾向にありますが、あまり色が薄いと「ピンクトルマリン」と呼ばれるようになります。

インディゴライト

Indigolite

藍電気石
あい でん き せき

鉱物名
トルマリン

インディゴライトやツァボライト、トルマリン、ダイヤ等で孔雀の羽根をデザインしたペンダントと、スタイリッシュな指輪。

濃い青からブルーグリーンのトルマリン

写真のような「藍色」を思わせる濃い青が特徴のトルマリン。ブラジルでパライバトルマリン（P.101）が発見される前までは、最も価値が高いトルマリンのひとつでした。この青色は鉄によるもので、含有量や他の成分の組み合わせや、そのバランスで、青の濃淡が生まれます。濃い青のものほど希少で、高く評価されます。

カナリートルマリン
Canary Tourmaline

でん き せき
電気石

鉱物名
トルマリン

明るさのある黄色が特徴のカナリートルマリンの指輪。

透明感のある
イエローのトルマリン

「カナリー」とは、鳥のカナリアのこと。その羽の色にたとえ、黄色からライムグリーンがかったトルマリンをカナリートルマリンと呼びます。写真に見られるビビッドな黄色は人気が高く、もともと産出量が少ないため、今後価格が高騰する可能性があります。加熱処理されて鮮やかな黄色を出すことが多いようです。

パライバトルマリン
Paraiba Tourmaline

でん き せき
電気石

鉱物名
トルマリン

ブラジル産パライバトルマリンの指輪。

ネオンカラーの鮮やかな
ブルーのトルマリン

アレキサンドライト（P.175）、パパラチアサファイア（P.079）と並ぶ、世界三大希少石のひとつ。写真のようなネオンカラーの水色が特徴で、1980年代にブラジルのパライバ州で見つかり、宝石界に驚きをもたらしました。しかし、わずか数年で鉱床は底をつき閉山してしまったので、新しく採掘はできません。近隣鉱山やアフリカ産の近い色みのものが「パライバ」の名で流通することもありますが、本当の意味でのパライバトルマリンは幻といえるくらいに希少です。

トルマリンの分類・バリエーション

"カメレオンジェム"の異名を持つほど、多彩な色を持つトルマリン。その理由は、化学組成が非常に複雑で、さまざまな成分を取り込みやすいためだと考えられています。学術的には、その複雑な化学組成や特性から種類を分けますが、宝石として扱う場合は、主に色で区別するのが一般的です。

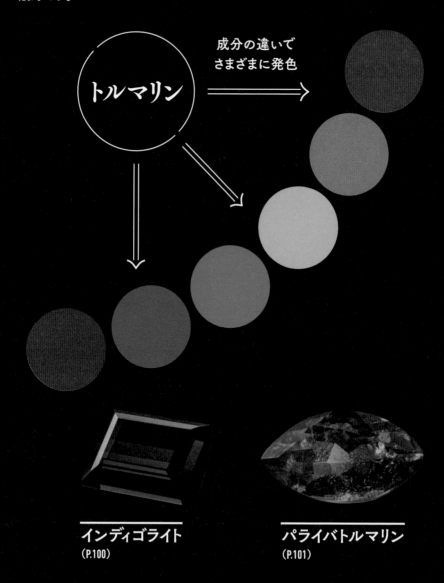

トルマリン

成分の違いで
さまざまに発色

インディゴライト
(P.100)

パライバトルマリン
(P.101)

色や効果の
さらなるバリエーション

トルマリンは単色だけでなく、複数の色や
特別な輝きをもったものもあり、それぞれ異
なる名称で呼ばれます。

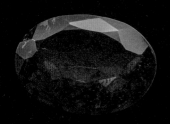

ルベライト
（P.100）

2色持つもの

バイカラートルマリン
（P.099）

カナリートルマリン
（P.101）

中心と外側で
色が異なり、
断面がスイカのように
見えるもの

ウォーターメロントルマリン
（P.099）

グリーントルマリン
（P.098）

インクルージョン
による
猫の目のような
光の筋が
現れるもの

トルマリンキャッツアイ
（P.099）

クオーツ

Quartz

水晶、石英
（すいしょう、せきえい）

鉱物名

クオーツ

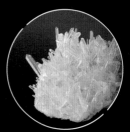

【 Rough stone 】

石の特徴

地球で最も産出量の多い宝石のひとつ。比較的硬度が高く、加工性にも優れているため、宝飾品などで多く利用されています。クオーツ単体で見た場合に高品質とされるのは、写真のようにインクルージョンがなく、透明なもの。一方で、インクルージョンによって見せるさまざまな表情も魅力です。そうしたものは、ファントムクオーツやデンドリティッククオーツ（ともにP.107）のような名称が与えられ、流通しています。

工業分野でも広く活用

クオーツ時計は、電気を流すことで振動するクオーツの性質を利用したもの。クオーツの規則正しい振動を信号に変換し、時計が示す正確な1秒を制御しています。また、透明度の高さから、カメラのレンズやレーザー装置などにも使われています。工業用途では、人工的に合成された、品質が均一なものが用いられます。

分類	ケイ酸塩鉱物
化学組成	SiO_2
結晶系	六方晶系（三方晶系）
硬度	7
比重	2.6〜2.9
色	無色
象徴	万物との調和
産地	日本を含む世界各地

氷からできた鞠（まり）をイメージしたデザインの指輪。球体が動くとキラキラときらめくようにカットされている。

Memo

かつて、常に氷に覆われていたスイスのアルプスでは、氷の化石だと考えられていました。

クオーツのジュエリー

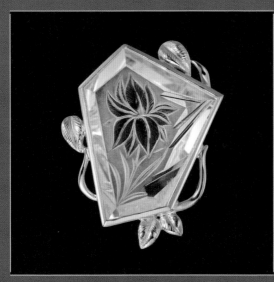

上／宝石の裏面に大胆なカットを施すことで鏡面効果を生み出す
ムンシュタイナーカットを施したペンダントトップ。宝石彫刻家
として有名なムンシュタイナー親子が生み出す芸術作品です。
下／花、葉、動物、蝶などの彫刻で有名なドイツのハーバードク
ライン社によるフラワーカービングを施したピアス。

ルチルレイテッドクオーツ
Rutilelated Quartz

針水晶
<small>はり すいしょう</small>

鉱物名
クオーツ

針状の結晶を取り込んだクオーツ

ルチルという針状の鉱物の結晶が含まれている
クオーツ。ルチルは赤や黒っぽい赤、金色など
が見られますが、評価が高いのは写真に見られ
る金色のもの。美しいルチルをブロンズヘアに
見立てて「ヴィーナスヘアーストーン」「エン
ジェルヘアー」と呼ぶこともあります。

分類	ケイ酸塩鉱物
化学組成	SiO_2（包有物はTiO_2）
結晶系	六方晶系（三方晶系）
硬度	7
比重	2.6〜2.9
色	無色（インクルージョンの ルチルの色と密集度によっ ては、色がついたように見 える）
象徴	洞察力の向上／真実の 見分け
産地	ブラジル、オーストラリア

【 Rough stone 】

「エンジェルヘアー」
とも呼ばれる
ゴールドのルチルが
入った指輪。

キャッツアイクオーツ
Quartz Cat's-eye

水晶

鉱物名
クオーツ

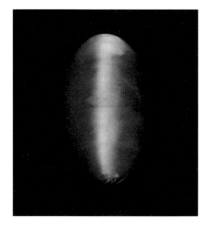

きらめく白い線はまるで猫の目

ひと筋の光が猫の目のように見える（キャッツ
アイ効果）クオーツ。繊維状のクロシドライト
（青色アスベスト）が平行に並んでインクルージ
ョンとなっているクオーツを、写真のようにな
めらかなカボションカットにすることで美しく
輝きます。鉱物のルチルが含まれる場合、赤や
金色に見えるものも。

分類	ケイ酸塩鉱物
化学組成	SiO_2
結晶系	六方晶系（三方晶系）
硬度	7
比重	2.6〜2.9
象徴	-
産地	スリランカ、インド、オースト ラリア

Memo

ローズクオーツ
（P.112）など、ほ
かのクオーツでも
キャッツアイが現
れることがあり、
人気があります。

ファントムクオーツ
Phantom Quartz

幻影水晶、山入水晶
<small>げん えい すい しょう　やま いり すい しょう</small>

鉱物名
クオーツ

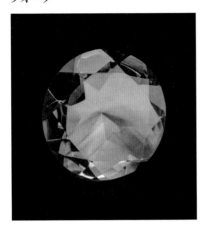

自然が生み出した水晶内の山模様

結晶の成長過程が内部に模様として残っているクオーツ。写真では、結晶の山型が複数重なって見えています。これは、結晶の成長が一時的に止まったときに表面に気泡やほかの物質が付着し、その後またクオーツが成長することで、結晶内に取り込まれたもの。それがいくつも重なり、「ファントム（幻影）」と呼ばれる模様になります。複数のファントムがはっきりと見えるものが人気です。

分類	ケイ酸塩鉱物
化学組成	SiO_2
結晶系	六方晶系（三方晶系）
硬度	7
比重	2.6〜2.9
色	無色／青色（内包物は白色／緑色／黒色／赤色）
象徴	成長／前進／向上
産地	ブラジル、マダガスカル

Memo

緑、黒、赤など、成長過程で付着する成分によってファントムの色が変わります。

デンドリティッククオーツ
Dendritic Quartz

忍石、模樹石
<small>しのぶいし　も じゅ せき</small>

鉱物名
クオーツ

芸術作品のような樹木状の結晶

デンドライトと呼ばれる樹木状のインクルージョンを含んだクオーツ。その見た目から、樹形石（じゅけいせき）とも呼ばれます。石の割れ目に侵入した微細な金属成分が、次々と重なるように沈殿してデンドライトを形成。模様の入り方は個々に異なりますが、より植物らしい見た目のものが好まれます。

分類	ケイ酸塩鉱物
化学組成	SiO_2＋マンガン・鉄の酸化物・水酸化物の沈着
結晶系	六方晶系（三方晶系）
硬度	7
比重	2.6〜2.9
色	無色／白色（割れ目内の沈殿物によって黄色や褐色を帯びる場合もある）
象徴	豊穣への崇拝
産地	ブラジル、スイス、オーストラリア、中国

Memo

中には沈殿物が模様を描き、まるで風景画のように見えるものもあり、「ランドスケープクオーツ」と呼ばれます。

アメシスト

Amethyst

紫水晶
ひらさき すい しょう

鉱物名
クオーツ

【 Rough stone 】

石の特徴

写真のような深い紫色を持ったクオーツ。透明度が高く色が濃いものが評価されます。もともと色ムラが多い石であるため、深みがあり均一な色のアメシストは貴重。「日光で褪色する」といわれますが、日常的に身につける程度なら問題ないことがほとんどです。

どうやってできたか

クオーツに含まれる微量の鉄イオンが、紫色に発色することで生まれます。鉄イオンは結晶内に取り込まれると色ムラが生じるのが一般的であるため、ほとんどのアメシストでは、原石の錐面（頂点に接する斜面）で濃い紫と淡い紫が交互に繰り返していたり、まだら模様になったりします。

分類	ケイ酸塩鉱物
化学組成	SiO_2
結晶系	六方晶系（三方晶系）
硬度	7
比重	2.65
色	紫色（結晶によって濃淡が変化し、褐色・灰色がかったものもある）
象徴	真実の愛／誠実／心の平和／邪気よりの予防
産地	ブラジル、ウルグアイ、インド、ロシア、南アフリカほか

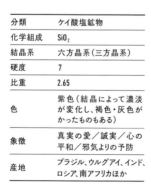

上／約7.5ctの大粒アメシストのペンダントトップ。下／モロッコ産アメシストのリング。葉の部分はペリドット。

Memo

ギリシャ神話の酒神バッカスによって石に変えられた乙女アメシストが名の由来。そこから、アメシストには酒に酔わない力があると考えられていました。

シトリン

Citrine

黄水晶
（き すい しょう）

鉱物名

クオーツ

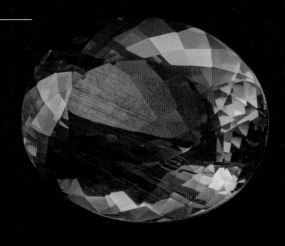

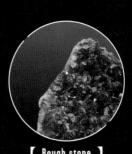

【 Rough stone 】

石の特徴

シトリンとは、写真のような黄色を特徴とするクオーツのこと。ヴィクトリア時代のイギリスでは、当時流行していたトパーズ（P.132）と間違って流通していた歴史があります。もともと高価な石ではありませんが、天然のものは希少で、クオーツの中では高額で取引されています。

どうやってできたか

天然でよく発色したものが非常に少ない石のひとつ。市場で最も一般的に見られるシトリンは、水晶に含まれる鉄による発色で、純粋な黄色や赤みがかった色をしています。緑色を帯びて見えるのは、放射線で水晶の構造が歪んだり、熱を受けたりしたもの。アメシスト（P.108）に加熱処理を施して変色させたものは「バーントアメシスト」と呼ばれています。

分類	ケイ酸塩鉱物
化学組成	SiO_2
結晶系	六方晶系（三方晶系）
硬度	7
比重	2.65
色	（濃淡）黄色／帯緑黄色／帯褐黄色
象徴	生命力／友情／幸福
産地	ブラジル、インド、チリ、ジンバブエほか

約7ctの大粒
シトリンの指輪。

Memo

インド原産の柑橘類シトロンの色みに似ていることが名前の由来。

スモーキークオーツ

Smoky Quartz

煙水晶
<small>けむりすいしょう</small>

鉱物名
クオーツ

煙のようにくすんだ茶黒色の水晶

焚き火の煙を通して太陽を見たときのような、褐色で黄灰色がかったクオーツで、写真のように透明感のあるもの。微量のアルミニウムを含んだ水晶が自然の放射能を受けて茶黒色となったものですが、流通しているものには、人工的に放射線で色を変化させたものが多いです。

分類	ケイ酸塩鉱物
化学組成	SiO_2
結晶系	六方晶系（三方晶系）
硬度	7
比重	2.6〜2.7
色	淡茶色／灰色みの茶色／褐色みの黒色
象徴	安眠の誘い／種族の保持／悪霊の払拭
産地	ブラジル、アメリカ（特にコロラド州、メーン州）、イギリスほか

宝飾品向けには透明感があるものが好まれますが、希少です。

ケアンゴーム

Cairngorm

茶水晶
<small>ちゃすいしょう</small>

鉱物名
クオーツ

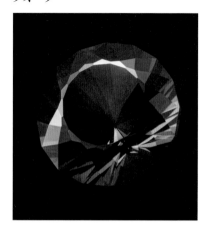

スコットランドの民族衣装に使用された褐色の水晶

写真でもわかる通り、スモーキークオーツ（上段）より黒みを感じるクオーツ。ほとんど光を通さないほど黒いものはモリオン（P.111）とされます。スコットランドの民族衣装に使用されており、かつて同地のケアンゴーム山脈で大量に採掘されたことが名前の由来です。

分類	ケイ酸塩鉱物
化学組成	SiO_2
結晶系	六方晶系（三方晶系）
硬度	7
比重	2.6〜2.7
色	褐色／黄褐色
象徴	-
産地	ブラジル、アメリカ（特にコロラド州、メーン州）、イギリスほか

Memo

現在はあまり用いられない名称ですが、光を通す黒い水晶に「モリオン（ケアンゴーム）」と表記していることがあります。

モリオン

Morion

黒水晶
（くろすいしょう）

鉱物名
クオーツ

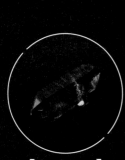

【 Rough stone 】

石の特徴

ほとんど光を通さない黒色のクオーツ。写真を見る限り、スモーキークオーツ（P.110）と似ていますが、色の薄いものが「スモーキー」で、濃いものが「モリオン」と呼ばれます。漆黒に近いほど価値が高くなりますが、天然のモリオンは非常に貴重です。結晶の状態で不透明でも、小さくカットして光が通ればケアンゴーム（P.110）などに分類される場合もあります。光沢を消す加工を施すと、黒いカルセドニー（P.114）との区別が難しくなってしまいます。

どうやってできたか

クオーツに含まれる微量のアルミニウム・イオンが、自然の放射線を受けることで発色。そのため、通常のクオーツに人工的に放射線を当てて黒くしたものも多くあります。光や熱によって変色・褪色しやすいので、光の当たらない場所で保管しましょう。

分類	ケイ酸塩鉱物
化学組成	SiO_2
結晶系	六方晶系（三方晶系）
硬度	7
比重	2.6〜2.7
色	淡茶色／灰色みの茶色／褐色みの黒色
象徴	安眠の誘い／種族の保持／悪霊の払拭
産地	ブラジル、アメリカ（特にコロラド州、メーン州）、イギリス、スイスほか

Memo
黒色人種を意味するスペイン語の「Moros」から名づけられました。

ローズクオーツ

Rose Quartz

紅石英、紅水晶
<small>べに せき えい　べに すい しょう</small>

鉱物名
クオーツ

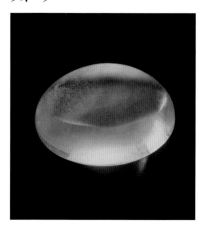

薔薇に似たほのかなピンクの水晶

淡いピンク色のクオーツ。ほかのクオーツ類とは異なり、結晶状での産出は珍しく、ほとんどは下写真のように、結晶の形がはっきりとしない塊状で採れます。高品質とされるのは、色が濃く、透明度が高いもの。カボションカットにしたものは、石の裏側から光を当てると複数の白い線が出現するスター効果やキャッツアイ効果を示す場合もあります。ヒビ割れが多い石なので、つけ置き洗浄は避けましょう。

分類	ケイ酸塩鉱物
化学組成	SiO_2
結晶系	六方晶系(三方晶系)
硬度	7
比重	2.6〜2.7
色	ピンク色／帯紫ピンク色／帯灰淡ピンク色
象徴	平和／感情の支え
産地	ブラジル、マダガスカル、モザンビークほか

【 Rough stone 】

ヨーロッパでは
豚は富や財産の象徴となる
人気のモチーフ。
ローズクオーツの柔らかい
色合いがぴったりなリングです。

アベンチュリン

Aventurine

砂金石
<small>さ きん せき</small>

鉱物名
クオーツ

クオーツ内部に微細な結晶が広がる

細かなヘマタイト（P.180）などの鉱物を内包し、キラキラと輝くクオーツ。このような輝きを「アベンチュレッセンス」と呼ぶことから、アベンチュリンと名づけられました。写真のような緑色が一般的ですが、青やオレンジのものも見られ、ビーズなどに利用されています。

分類	ケイ酸塩鉱物
化学組成	SiO_2
結晶系	六方晶系(粒状集合体)
硬度	7
比重	2.6〜2.7
色	緑色／青色／褐色
象徴	沈着／勇敢／聡明
産地	インド、ブラジル、ジンバブエ、ロシアほか

Memo

アベンチュレッセンスはイタリア語の「a ventura(偶然に)」が由来。ガラス工房で偶然生まれた特殊なガラスの輝きを指す言葉でした。

タイガーアイ

Tiger's eye

虎目石、虎眼石

鉱物名
クオーツ

虎の毛色にキャッツアイがきらめく

虎の毛のような色で、磨くと猫の目のような光の筋（キャッツアイ効果）が出現するクオーツ。この輝きは、内包する繊維状の鉱物・クロシドライト（青アスベスト）によるもの。ホークスアイ（下段）と似ていますが、クロシドライトが酸化して、写真のような黄褐色になっています。安価なため、ビーズなどによく使われます。

分類	ケイ酸塩鉱物
化学組成	Na2Fe2+3Fe3+2[OH|Si4O11]2
結晶系	単斜晶系（結晶繊維の部分）
硬度	6.5〜7
比重	2.7
色	褐色／黄色／黄褐色
象徴	知識／富貴
産地	南アフリカ、西オーストラリア、ナミビア、中国、ミャンマー、インド

幸運を運び、危険や災いから身を守る海の守り神といわれている亀をモチーフにしたペンダントトップ。

ホークスアイ

Hawk's eye

鷹目石

鉱物名
クオーツ

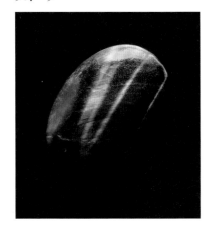

猫目効果をもつ灰青色のクオーツ

タイガーアイ（上段）と近い関係のクオーツ。磨くことで白い光の筋が現れ（キャッツアイ効果）、光沢が生じます。タイガーアイとの違いは、内包する繊維状の鉱物・クロシドライト（青アスベスト）が酸化せずにそのまま残ることで、写真のように青色に発色している点です。安価なため、ビーズなどによく使われます。

分類	ケイ酸塩鉱物
化学組成	Na2Fe2+3Fe3+2[OH|Si4O11]2
結晶系	単斜晶系（結晶繊維の部分）
硬度	6.5〜7
比重	2.7
色	青色
象徴	知識／富貴
産地	南アフリカ、西オーストラリア、ナミビア、中国、ミャンマー、インド

Memo

ホークスアイやタイガーアイに近い石で、灰緑色のものは「狼眼石（ウルフアイ）」、灰緑色と黄色が混在するものは「混虎眼石（ゼブラクロコダイル）」と呼ばれます。

カルセドニー

chalcedony

玉髄
（ぎょくずい）

鉱物名
カルセドニー

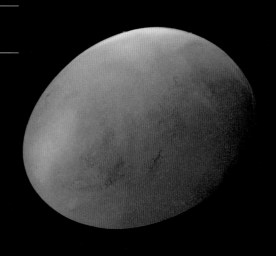

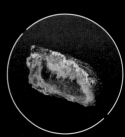

【 Rough stone 】

石の特徴

微小なクオーツの集合体で、丸いぶどう状で産出されます。緻密で硬い性質を持ち、古代では石器や印章の材料として利用されてきました。微細な結晶の隙間に水が染み込むので、水洗いは避けるべきです。また、その性質を利用し、鉄やコバルト、銅などの金属化合溶液による着色処理がよく施されています。

できる環境によるタイプの違い

写真【Rough stone】のように火山岩の中の空洞部分にできるタイプは「ジオード」と呼ばれ、2つに割ると内部に密集した小さな結晶や水が入っている場合も。水を閉じ込めている原石の一部を切断し、内部の水泡が動く様子が見られるよう磨かれた宝石もあります。ほかには堆積岩の割れ目に沈殿しているタイプと、地層中に染み込んで多孔質の岩石や堆積物を固めているタイプがあります。

分類	ケイ酸塩鉱物
化学組成	SiO$_2$
結晶系	三方晶系
硬度	7
比重	2.5〜2.7
色	白色／灰色／青色／赤色／褐色／黄色／（濃淡）緑色／黄緑色／黒色
象徴	憂鬱の解消
産地	ブラジル、ウルグアイ、インド、インドネシア、アメリカ、中国、南アフリカほか

Memo

縞があるものを瑪瑙（めのう）、ないものを玉髄と（ぎょくずい）呼びます。着色されたものは、水に浸すと色が抜けることも。そういった点からも、水洗いは避けた方がいいでしょう。

カーネリアン

Carnelian

べに ぎょく ずい
紅玉髄

鉱物名
カルセドニー

古代のお守りとして重宝された
赤色のカルセドニー

カルセドニー（P.114）の変種で、写真のような鉄分による赤い発色が特徴です。高品質とされるのは、この色合いが鮮やかで透明感を感じるもの。カルセドニー同様、微細な結晶の集まりなので、着色されたものが多く流通しています。変色や色抜けを起こさないよう、着色済みのものは、水洗いを避けた方がいいでしょう。

分類	ケイ酸塩鉱物
化学組成	SiO_2
結晶系	三方晶系
硬度	7
比重	2.5〜2.7
色	赤色
象徴	憂鬱の解消
産地	ブラジル、ウルグアイ、インド、インドネシア、アメリカ、中国、南アフリカ、ナミビアほか

Memo

紀元前4000年から宝石やお守りとして利用され、血の気を抑え、気分を落ちつかせる効果があると考えられていました。

サード

Sard

ぎょく ずい
玉髄

鉱物名
カルセドニー

古代から愛されてきた
褐色や橙色のカルセドニー

カルセドニーの変種で、写真のような淡い褐色から橙色の宝石。縞模様が含まれる場合もあります。人類が初めて宝石とした石のひとつといわれ、古くからサードの装身具は神秘的、医学的な意味をもつと考えられていました。肖像などを立体的に彫刻するカメオの素材としても使われます。

分類	ケイ酸塩鉱物
化学組成	SiO_2
結晶系	三方晶系（潜晶質）
硬度	7
比重	2.5〜2.7
へき開	なし
色	褐色／黄色
象徴	憂鬱の解消
産地	ブラジル、ウルグアイ、インド、インドネシア、アメリカ、中国、南アフリカ、ナミビアほか

Memo

現在、「サード」という名称が使用されることはほとんどなくなりましたが、サードオニキス（P.117）の名の中に残っています。

アゲート

Agate

瑪瑙 <small>めのう</small>

鉱物名
カルセドニー

世界規模で石器として使われた
縞模様の宝石

カルセドニー（P.114）のうち、写真のような縞模様があるもの。アゲートは水中に溶け込んだシリカが沈殿して生まれますが、そのサイクルが縞になって現れています。通常のカルセドニー同様、微細な結晶の集まりであることを生かして、着色されることが多い石です。変色や色抜けを防ぐために、水洗いは避けましょう。

【 Rough stone 】

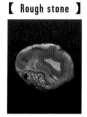

分類	ケイ酸塩鉱物
化学組成	SiO$_2$
結晶系	三方晶系
硬度	7
比重	2.5〜2.7
色	白色／灰色／褐色／赤色／黄色／青色／緑色／黒色
象徴	博愛／夫婦の幸せ／結婚運／健康／長寿／富貴
産地	ブラジル、ウルグアイ、インド、インドネシア、アメリカ各州、中国、アフリカ各国ほか

ブルーアゲート

Blue Agate

青瑪瑙 <small>あおめのう</small>

鉱物名
カルセドニー

気分を落ち着かせるといわれる
爽やかな青いアゲート

淡い青色と白色が層状に重なった写真のようなアゲートで、「ブルーレースアゲート」とも呼ばれます。通常のカルセドニー同様、微細な結晶の集まりであるため、金属塩溶液を浸透させて加熱・着色する処理が広く行われています。変色や色抜けを起こさないよう、水洗いは避けましょう。

分類	ケイ酸塩鉱物
化学組成	SiO$_2$
結晶系	三方晶系
硬度	7
比重	2.5〜2.7
色	青色
象徴	博愛／夫婦の幸せ／結婚運／健康／長寿／富貴
産地	ブラジル、ウルグアイ、インド、インドネシア、アメリカ各州、中国、アフリカ各国ほか

Memo

パワーストーンとしては、気分を落ち着かせる効果があるとされています。

モスアゲート
Moss Agate

苔瑪瑙
（こけめのう）

鉱物名
カルセドニー

苔が入り込んだような模様の
アゲート

写真のように、まるで植物や苔（モス）が入り込んで見えるアゲート（P.116）の一種。内包しているモスの正体は、緑色だと鉱物のクローライト（緑泥石）、赤色や黒色だと鉄やマンガンの酸化物です。イギリス以外のヨーロッパでは、緑色以外のモスを持つ宝石を「モカ・ストーン」と呼んでいます。

分類	ケイ酸塩鉱物
化学組成	SiO_2
結晶系	三方晶系
硬度	7
比重	2.5〜2.7
色	白色／灰色／褐色／赤色（地色）
象徴	結婚運／夫婦の和合
産地	インド、アメリカ（モンタナ州、オレゴン州、アイダホ州）、タンザニア、中国ほか

Memo

アゲートとは、縞模様があるものを指す名称。モスアゲートには縞模様がありませんが、慣例的にアゲートの名で呼ばれます。

サードオニキス
Sard Onyx

赤縞瑪瑙
（あかしまめのう）

鉱物名
カルセドニー

古代ローマ時代から
カメオ素材として人気

アゲートのうち、白い縞模様がはっきりしたものをオニキスと呼びます。中でも写真のような赤いものは、サード（P.115）の名を冠し、サードオニキスと呼ばれます。肖像や意匠を凸状に彫ったカメオや、凹状に彫ったインタリオの材料として活用されています。

分類	ケイ酸塩鉱物
化学組成	SiO_2
結晶系	三方晶系
硬度	7
比重	2.5〜2.7
色	赤色地に白色縞
象徴	夫婦円満／結婚運／和合
産地	ブラジル、ウルグアイ、インド、アメリカ各州、サウジアラビア、トルコ、南アフリカほか

Memo

古代ローマでは、赤色と白色の組み合わせは、「血のたぎりと生命の発展」を想像させるもので、神聖な宝石として大変好よまれました。

クリソプレーズ
Chrysoprase

緑玉髄
<small>みどりぎょくずい</small>

鉱物名
カルセドニー

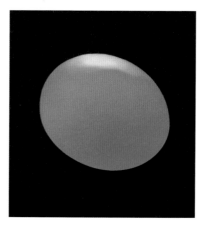

まるで翡翠を思わせる
鮮やかな青りんご色のカルセドニー

カルセドニーの中で、写真のようなアップルグリーンと形容される緑色のもの。20世紀にオーストラリアで巨大な鉱床が発見されて以降、広く流通するようになりました。高品質とされるのは、鮮やかで濃い色のもの。発色の要因であるニッケル鉱物の泥が含まれるため、ヒビ割れが生じやすい石だとされています。

分類	ケイ酸塩鉱物
化学組成	$SiO_2 + Ni$
結晶系	三方晶系
硬度	7
比重	2.5〜2.7
色	淡緑色／緑色／帯青緑色／黄緑色
象徴	肉体の清浄
産地	オーストラリア、タンザニア、ブラジル、アメリカ（オレゴン州）ほか

Memo
オーストラリアでよく採れジェダイト（P.140）と似た色であることから、「オーストラリアンジェダイト」と呼ばれることがあります。

ブラッドストーン
Bloodstone

血石、血玉髄、血玉石
<small>けっせき　けつぎょくずい　けつぎょくせき</small>

鉱物名
ジャスパー

古代に「神聖な力」を宿すと
信じられた石

ジャスパー（P.119）の一種で、写真に見られるような、血液を思わせる赤い点紋が特徴。古代では、地の緑色は大地のエネルギーや芽生えの力を宿す色、点紋の赤色は魔を寄せつけない色だと考えられており、神聖な力を持つとされていました。黄色や橙色、白色の点紋を含むものは、「ファンシー・ブラッドストーン」と呼ばれています。

分類	ケイ酸塩鉱物
化学組成	SiO_2
結晶系	三方晶系
硬度	7
比重	2.5〜2.7
色	濃緑色地に血赤色の斑点紋
象徴	活力／献身／勇敢／沈着／聡明
産地	インド、ロシア、スコットランド、オーストラリア、ブラジルほか

Memo
その名前の通り、古くから血液と関連づけられ、ヒーリングストーンとして扱われてきました。

ジャスパー

Jasper

<ruby>碧<rt>へき</rt>玉<rt>ぎょく</rt></ruby>

鉱物名
ジャスパー

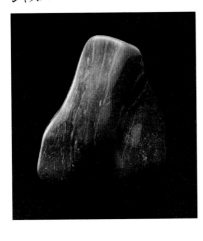

内包される不純物が
美しく多様な色・模様を生み出す

カルセドニー（P.114）の中で不透明なもの。微粒状の鉄鋼物や粘土鉱物などの不純物を多く含んでいます。緻密で硬く、研磨によって美しい光沢が得られるのが特徴です。日本では、古代に玉器の材料にされていました。「モッカイト（ムーアカイト）」と呼ばれるジャスパー（下写真）は染色されているものが多いので、水洗いは避けた方がいいでしょう。

分類	ケイ酸塩鉱物
化学組成	SiO_2＋不純物
結晶系	三方晶系
硬度	7
比重	2.5～2.7
色	緑色／濃灰緑色／くすんだ濃緑色（韮緑色）／黄緑色／赤色／褐色／橙色／黄色／白色
象徴	永遠の夢／勇気／聡明
産地	インド、ブラジル、中国、アメリカ、ロシアほか

モッカイト

ピクチャージャスパー

Picture Jasper

<ruby>碧<rt>へき</rt>玉<rt>ぎょく</rt></ruby>

鉱物名
ジャスパー

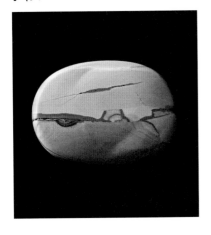

まるで風景画が描かれているような
神秘的な石

茶色地に灰色や黒色の斑や縞模様があるジャスパー（上段）の一種で、写真のように風景を描いた絵画のように見えるもの。より風景画らしく見えるよう、板状に加工されたもののほか、ブレスレット用にビーズに加工されたものも流通しています。"風景らしさ"が強いものは、高値がつくことがあります。

分類	ケイ酸塩鉱物
化学組成	SiO_2＋不純物
結晶系	三方晶系
硬度	7
比重	2.5～2.7
色	茶色
象徴	永遠の夢／勇気／聡明
産地	南アフリカ、ロシア、インドネシアほか

> **Memo**
>
> パワーストーンとしても人気があり、古代では旅や出産のお守りとして親しまれてきました。

クオーツの分類・バリエーション

クオーツ（水晶）というと、無色透明なものをイメージしますが、アメシストやローズクオーツなどのカラーバリエーションも多く見られます。また、全く異なる見た目のカルセドニーやアゲート、ジャスパーなどもクオーツの一種。結晶の大きさにより、大きく2つのグループに分けられます。

結晶が肉眼でも
確認できる大きさのもの
（顕晶質）

色のバリエーション

インクルージョンを含む

肉眼で識別できない
細かな結晶が集まったもの
（潜晶質）

アゲート

カルセドニー

ジャスパー

顕晶質

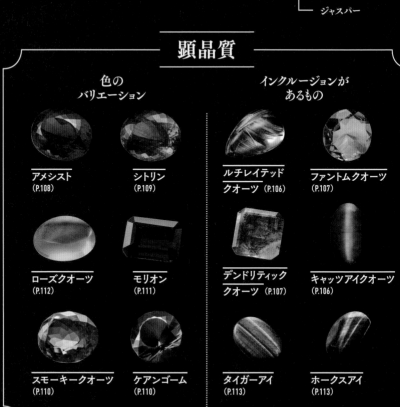

色のバリエーション		インクルージョンがあるもの	
アメシスト (P.108)	シトリン (P.109)	ルチレイテッドクオーツ (P.106)	ファントムクオーツ (P.107)
ローズクオーツ (P.112)	モリオン (P.111)	デンドリティッククオーツ (P.107)	キャッツアイクオーツ (P.106)
スモーキークオーツ (P.110)	ケアンゴーム (P.110)	タイガーアイ (P.113)	ホークスアイ (P.113)

潜晶質

アゲート（縞模様があるもの）

アゲート
(P.116)

ブルーアゲート
(P.116)

サードオニキス
(P.117)

カルセドニー（縞模様がないもの）

カルセドニー
(P.114)

サード
(P.115)

カーネリアン
(P.115)

クリソプレーズ
(P.118)

ジャスパー（含有物が多く不透明なもの）

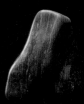
ジャスパー
(P.119)

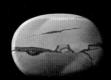
ピクチャージャスパー
(P.119)

ブラッドストーン
(P.118)

オパール

Opal

蛋白石
<small>たんぱくせき</small>

鉱物名

オパール

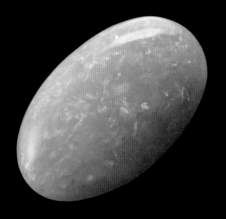

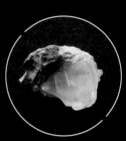

【 Rough stone 】

石の特徴

ケイ酸と水が混じり合って固まった非結晶質の鉱物。写真にも見られる、虹色の光が魅力。これは、ミクロンサイズのケイ酸の球が規則正しく積み重なった場合に、その隙間を光が通過するときに起こる現象。揺れ動く光が多様な色を見せるため「遊色効果」と呼ばれます。古代では「さまざまな色の小さな宝石が詰まっている」とされ、上流階級に愛されました。キズつきやすく、水や乾燥（水分量の変化）の影響を受けやすい石なので、取り扱いに注意が必要です。

どうやってできたか

オパールを形成しているケイ酸は、50℃程度の地下水に溶け込んだもの。こうした低温下では、微小な球となって岩石の割れ目や空洞部に入り込んでいきます。その状態が長い時間保たれるとオパール化します。中には、ケイ酸が溶けた水が地層にある動植物の組織に染み込んでオパール化することも。

分類	ケイ酸塩鉱物
化学組成	$SiO_2 \cdot nH_2O$
結晶系	非晶質
硬度	5.5～6.5
比重	1.99～2.5
色	無色／白色／黄色／橙色／赤色／ピンク色／黄緑色／緑色／青色／紫色／灰色／黒色
象徴	希望
産地	オーストラリア、メキシコ、ブラジル、日本ほか

Memo

非結晶であるため、鉱物の定義（P.022）からは外れますが、例外的に鉱物として認められています。また、遊色効果があるものをプレシャスオパール、ないものをコモンオパールと呼び分けます。

ホワイトオパール
White Opal

しろ たん ぱく せき
白蛋白石

鉱物名
オパール

約14ctの
大粒ホワイトオパールを
女王蜂の体に、
パライバトルマリンを眼に
使ったブローチ。

石のベースカラーが白や乳白色で
遊色効果をもつオパール

写真のように、石の地色が透明〜半透明（乳白色）をしているか、ほかの色みが混じっていても全体的に明るいオパール。さらに虹色の揺らめく光を見せる「遊色効果」をもつオパールを指します。オーストラリアの広い地域で産出され、日本にも多く輸出されているため、一般的に「オパール」というとホワイトオパールをイメージすることが多いでしょう。

ブラックオパール
Black Opal

くろ たん ぱく せき
黒蛋白石

鉱物名
オパール

石によって色合いの異なる
「遊色効果」を見せる。

石のベースカラーが黒や
灰色、濃い青で遊色効果を見せる

石の地色が黒色、灰色、濃い青色の、写真のようなオパールを指します。主な産地はオーストラリアのライトニングリッジ。発見されたのが1873年、採掘が始まったのが1900年初頭。その後も、この地域からしか産出されていないため、希少なオパールとされています。地色が濃く、遊色効果が広い範囲で見られるものほど高価になります。

ファイアーオパール

Fire Opal

蛋白石
<small>たん ぱく せき</small>

鉱物名
オパール

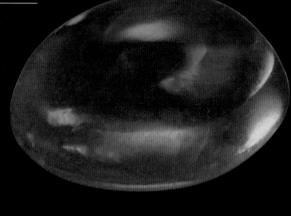

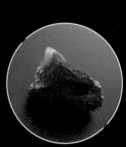

【 Rough stone 】

石の特徴

炎を思わせる燃えるような黄色〜オレンジ〜赤色が印
象的なファイアーオパール。遊色効果で、写真に見ら
れるような緑色の光が現れることも。遊色効果を示さ
ないものもあり、基本的には地色で定義されます。堆
積岩の中で見つかるオパールで、主な産地はメキシコ。
そのほかにオーストラリア、ブラジル、アメリカ南西
部など、比較的広い範囲で産出されています。

オパールは乾燥に注意！

ケイ酸と水が結びついてできたオパールは、熱や乾燥
に弱い鉱物です。表面に無数の穴があいている「多孔
質」のため、水分を吸収・放出しやすく、暖房やドラ
イヤーのような熱風にさらされるとヒビ割れを起こす
ことも。また、水分も吸収するため、洗浄剤など化学
成分を含んだ水分に浸すと、石の中に入り込むことが
あるので注意が必要です。

ファイアーオパールを主役に、メ
レダイヤ（小粒のダイヤモンド）で
囲ったリング。

ウォーターオパール

Water Opal

<ruby>蛋<rt>たん</rt></ruby><ruby>白<rt>ぱく</rt></ruby><ruby>石<rt>せき</rt></ruby>　　鉱物名　オパール

水滴のようにきらめく地色が 透明に近いオパール

地色が透明に近く、キラキラと輝く遊色効果が見られるオパール。その輝きが水の中に浮いているように見えることから名づけられました。写真のようなカボションカットされたものをテーブルの上に置くと、まるで水滴のよう。主な産地はオーストラリアやメキシコ。「ジェリーオパール」「クリスタルオパール」と呼ばれることもあります。ホワイトオパール（P.123）の中で、地色の透明度が高いものをウォーターオパールと呼ぶこともあるようです。

ボルダーオパール

Boulder Opal

<ruby>蛋<rt>たん</rt></ruby><ruby>白<rt>ぱく</rt></ruby><ruby>石<rt>せき</rt></ruby>　　鉱物名　オパール

カボションカットをされない 母岩つきのオパール

オーストラリア北東部・クイーンズランド州で採掘される、鉄鉱石の塊の隙間や割れ目にできるオパール。ボルダーとは岩の意味で、裏面に鉄鉱石が残ることから「母岩オパール」と呼ばれることも。岩の隙間にできたオパール層をできるだけ残すように研磨されるため、楕円のカボションカットにはされず、写真のような不定形にカットされることが多いオパールです。

約10ctの大きな
ボルダーオパールを
あしらった指輪。
両脇のブラウンダイヤとの
相性も抜群。

カンテラオパール

Cantera Opal

蛋白石
<ruby>蛋<rt>たん</rt>白<rt>ぱく</rt>石<rt>せき</rt></ruby>

鉱物名

オパール

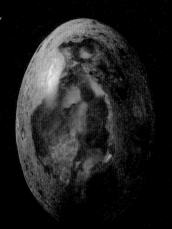
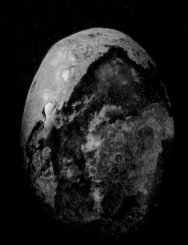

石の特徴

流紋岩質の火山岩が母岩についている、遊色効果のあるオパール。写真のように、母岩ごと取り出されてカボションカットされることが多いことから、スペイン語で「石切場、採石場」を意味する、「カンテラ」の名がつきました。楕円の母岩部分が卵の殻のように見え、中にオパールが入っているような見た目から、「虹を抱く卵」といわれることも。主にメキシコで産出されたものを指しますが、近年ではオーストラリア産やブラジル産も見られます。

カンテラオパールとファイアオパールの違い

メキシコで流紋岩の空洞に見つかるオパールは、母岩つきのものはカンテラオパール、赤いオパール部分だけを取り出して磨いたものは、ファイアーオパール（P.124）として流通しています。

分類	ケイ酸塩鉱物
化学組成	$SiO_2 \cdot nH_2O$
結晶系	非晶質
硬度	5.5～6.5
比重	1.99～2.5
色	無色／白色／黄色／橙色／赤色／ピンク色／黄緑色／緑色／青色／紫色／灰色／黒色
象徴	-
産地	オーストラリア、メキシコ、ブラジル、日本ほか

マトリックスオパール
Matrix Opal

蛋白石
たん ぱく せき

鉱物名
オパール

母岩の中でキラキラと光る
網目のような模様が特徴

遊色効果を見せる部分が、母岩の中に入り込んで網の目のような模様をつくっている写真のようなタイプを指します。網目状でなくても、母岩の中に遊色が入り込んでいるとマトリックスと呼ばれることも。ボルダーオパール（P.125）は、母岩の上に遊色部分がのっているように見えますが、マトリックスオパールは、中に入り込んでいるように見えるのが特徴です。

ハイアライトオパール
Hyalite Opal

玉滴石
たま だれ いし

鉱物名
オパール

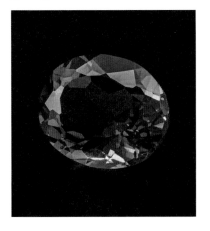

産出が非常に困難で
希少なオパール

火口の噴気孔から吹き出した水蒸気から形成されたオパール。ハイアライトとは、ギリシャ語で「ガラス」の意味。写真のように、外観がガラス状に見えることから「ミューズガラス」「グラスオパール」と呼ばれることもある遊色効果のないコモン・オパールです。結晶の中に天然のウランを取り込んでいるものは、ブラックライトを当てると蛍光色に光るのが特徴。主な産出国はメキシコですが、産出が困難で、希少なオパールのひとつです。

【 Rough stone 】

玉滴石の名の通り、
きらめく水滴のよう。

フェルスパー

Feldspar

長石
（ちょうせき）

鉱物名

フェルスパー

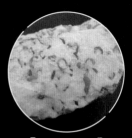

【 Rough stone 】

石の特徴

地殻の中に最も普遍的に存在する鉱物のひとつ。写真のものは、フェルスパーをはじめ、複数の鉱物が組み合わさったもの。このように、世界中で産出するほとんどの岩石の中に含まれ、採掘量も非常に多いですが、その中で宝石にふさわしいクオリティを持つものは多くありません。また、特定の方向に割れやすいため、取り扱いには注意が必要です。

どんな種類があるのか

長石はナトリウムやカリウム、カルシウムなどの元素を含むケイ酸塩鉱物の総称です。長石の中には「アルカリ長石」のサブグループと「斜長石」のサブグループの2つがあり、そこからさらに、ナトリウムを含む「曹長石」、カルシウムを含む「灰長石」「氷長石」「正長石」といった種類に分かれます。

分類	ケイ酸塩鉱物
化学組成	$(Na,K,Ca,Ba)(Si,Al)_4O_8$ $(Na,K,Ca,Ba)Al(Al,Si)Si_2O_8$
結晶系	単軸晶系、三斜晶系
硬度	6～6.5
比重	2.5～2.7
色	白色
象徴	－
産地	ブラジル、中国、インドほか

Memo

長石の中でもシラーが出るものはムーンストーン、インクルージョンが入り赤く見えるものは「サンストーン」と呼ばれています（ともにP.129）。

ムーンストーン

Moonstone

げっちょうせき
月長石

鉱物名
オーソクレース

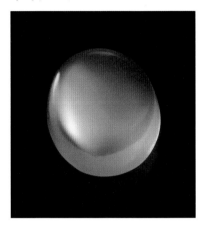

月のように青白い光を放つ
「シラー効果」を見せる石

長石（P.128）の一種であるオーソクレースとアルバイトが交互に層を成すことで、真珠のような柔らかく白い光（シラー）を生み出します。このシラーを美しく見せるために、写真のようなカボションカットが施されることが一般的です。割れやすいため、衝撃には注意しましょう。

分類	ケイ酸塩鉱物
化学組成	K[AlSi$_3$O$_8$]
結晶系	単斜晶系
硬度	6〜6.5
比重	2.55〜2.63
色	無色／白色／灰色／橙色／淡緑色／黄色／褐色／淡青色
象徴	悪魔祓い／健康／長寿／富貴／感性向上
産地	スリランカ、インド、マダガスカル、ミャンマー、タンザニア、アメリカ、北朝鮮ほか

「月」の名を持つ神秘的な石に、女性の横顔をモチーフに手彫りしたカメオのペンダントトップ。

サンストーン

Sunstone

にっちょうせき
日長石

鉱物名
オリゴクレース

太陽のようなギラリとした輝きで
「アベンチュリン効果」を放つ

鉄や銅の化合物が含まれることで、写真に見られるようなギラリとした輝き「アベンチュレッセンス」（P.046）を放つ、長石（P.128）の一種。ムーンストーン（上段）の穏やかな光と対照的なことから、その名がつきました。日本では、八丈島が有名な産地。割れやすいため、衝撃には注意が必要です。

分類	ケイ酸塩鉱物
化学組成	(Na[AlSi$_3$O$_8$])90-70+ (Ca[Al$_2$Si$_2$O$_8$])10-30
結晶系	三斜晶系
硬度	6〜6.5
比重	2.5〜2.6
色	無色から淡黄色（内包物によって赤色、赤橙色を示す）
象徴	隠された力
産地	インド、ノルウェー、カナダ、アメリカ、日本ほか

アメリカ・オレゴン州産のサンストーンの指輪。約1ct。

アマゾナイト
Amazonite

天河石
<small>てん が せき</small>

鉱物名
マイクロクリン

明るい青空のように
ダイナミックな色

写真のような明るい緑色や青色の長石（P.128）の一種。緑が強い場合はヒスイ、青が強い場合はトルコ石の類似石とされることも。割れやすいため、衝撃には注意が必要です。「アマゾン川」から名前がつけられたとされますが、産地というわけではなく、正確な由来は定かではありません。

分類	ケイ酸塩鉱物
化学組成	K[AlSi₃O₈]
結晶系	三斜晶系
硬度	6〜6.5
比重	2.55〜2.63
色	空青色／青緑色／緑色
象徴	聖なる愛情
産地	アメリカ、ブラジル、カナダ、マダガスカル、ロシア、インド、パキスタン、タンザニア、南アフリカ、サハラ砂漠ほか

【 Rough stone 】

ラブラドライト
Labradorite

曹灰長石
<small>そう かい ちょう せき</small>

鉱物名
ラブラドライト

虹色のきらめきを放つ鉱物

金属鉱物の薄い層が重なり、写真に見られるような独特な虹色の光を発する、長石（P.128）の一種。発見場所のカナダ・ラブラドライト沿岸にちなんで命名されました。ヒビが入りやすいため、オイルや樹脂を染み込ませてヒビを目立たなくする処理を施す場合があるので、熱や有機溶剤の付着に注意しましょう。

分類	ケイ酸塩鉱物
化学組成	(Ca[Al₂Si₂O₈])50〜70+(Na[AlSi₃O₈])50-30
結晶系	三斜晶系
硬度	6〜6.5
比重	2.55〜2.63
色	無色／黄色／橙色／明ピンク色／淡青緑色／淡青色／黒色／青灰色（虹彩効果が加わる）
象徴	月の力
産地	カナダ、マダガスカル、フィンランド、アメリカ（オレゴン州、ユタ州、ネバダ州）、オーストラリア、メキシコほか

【 Rough stone 】

フェルスパーの分類・バリエーション

非常に多くの種類を含むフェルスパー。その全ての重量を足すと、地殻（地球を卵に例えた際に殻にあたる部分）の半分以上の重量を占めるといわれています。それほど種類も量も多いフェルスパーですが、写真のような宝飾品に使えるほど美しいものは、限られた種類だけです。学術的には、化学組成によって分けられますが、宝石の世界では、色や輝きで区別するのが一般的です。

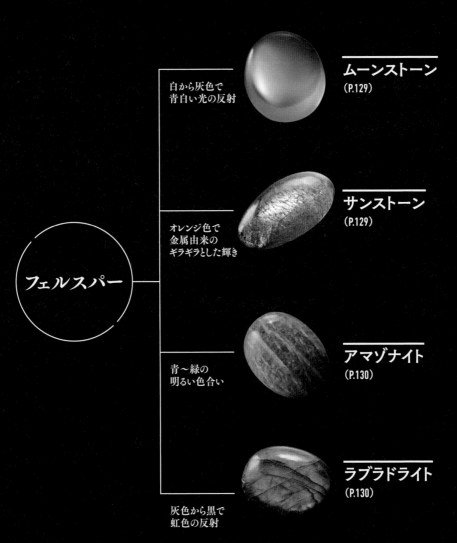

フェルスパー

白から灰色で
青白い光の反射

ムーンストーン
（P.129）

オレンジ色で
金属由来の
ギラギラとした輝き

サンストーン
（P.129）

青〜緑の
明るい色合い

アマゾナイト
（P.130）

灰色から黒で
虹色の反射

ラブラドライト
（P.130）

トパーズ

Topaz

黄玉
<ruby>黄<rt>おう</rt></ruby><ruby>玉<rt>ぎょく</rt></ruby>

鉱物名

トパーズ

【 Rough stone 】

石の特徴

古代エジプト・ローマ時代から黄色の宝石の代表とし
て知られますが、写真のように透明に近いものから、
赤や青、オレンジ、ピンク、紫など、カラーバリエー
ションが豊富。中でも、インペリアルトパーズ（P.133）
のような、赤やオレンジのものが、特に価値が高いと
されます。電気を帯びやすい性質で、細長い柱状結晶
の上下に圧力をかけると結晶が電気を帯び、その状態
が数時間続くものも。加熱によっても帯電します。衝
撃に弱いため、身につける際は注意が必要です。

どうやってできたか

地中のマグマが上昇し、冷えて岩石に変わっていく中
で、水やガスが抜けてできた空洞にフッ素やケイ酸、
アルミニウムを含んだ溶液やガスが入り結晶が育ちま
す。フッ素を含むと黄色、青、無色に、水酸基を含む
とオレンジがかった黄色が生まれます。

分類	ケイ酸塩鉱物
化学組成	Fタイプ　$Al_2F_2SiO_4$ OHタイプ　$Al_2OH_2SiO_4$
結晶系	直方晶系
硬度	8
比重	Fタイプ3.56、OHタイプ3.53
色	Fタイプ：無色／黄色／褐色／淡青～青色／淡緑色 OHタイプ：黄色／オレンジ色／ピンク色／紫色
象徴	出会い／友愛／友情／希望／繁栄／潔白
産地	Fタイプ：ブラジル、メキシコ、アメリカ、日本ほか OHタイプ：ブラジル（オーロプレート）パキスタンほか

Memo

名前の由来はギリシャ語の「topazios
（探す）」。ただし、当時の人々が本
来探していた「ペリドット」がトパーズ
と呼ばれていたといわれています。

インペリアルトパーズ

「皇帝」や「最高級」に値する
品格あふれる黄金色

トパーズの中でも最高級とされるもののひとつ。写真に見られる、シェリー酒のような、赤みがあるオレンジ色のトパーズです。色みに加え、化学組成に水酸基を多く含む「OHタイプ」であることがインペリアルと認定される条件。化学組成は個人レベルでは判断がつかないものなので、入手する際は、信頼できるお店や業者を選ぶのが望ましいでしょう。

ブルートパーズ

かつて滋賀県の山で見つかり、
世界的に知られたことも

ブルートパーズは、天然物が希少で、市場のほとんどが放射線照射により色づけされたもの。一方で、処理によって品質にばらつきが少ないため、規格サイズのものが入手しやすい点はメリットだといえます。日本では1875年頃に滋賀県で大きな結晶が採れ、有名になりましたが、今はほとんど海外に流出してしまったようです。

ピンクトパーズ

天然のピンクトパーズは希少。
淡い紫がかったピンク色

非処理の天然ピンクトパーズは希少で、オレンジ色のトパーズを加熱処理してピンクにしている場合が多いです。写真のような濃いピンク色の宝石としては、ピンクのダイヤモンド（P.068）やピンクのファンシーカラーサファイア（P.079）に比べて安価なため、入手しやすい石だといえるでしょう。

アイオライト

Iolite

董青石
きん せい せき

鉱物名
コーディエライト

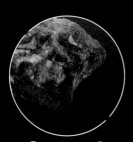

【 Rough stone 】

▌ 石の特徴

透明感のある青色が魅力のアイオライト。カットした
ものを光に透かしながら回すと、青色が明るくなった
り紫色っぽくなったり、グレーがかったりする「多色
性」が見られます。透明度が高く、濃いブルーのもの
が高く評価されます。衝撃などで割れやすいため、指
輪やブレスレットに使う場合は注意が必要です。

▌ どうやってできたか

アイオライトは、火成岩、変成岩、花崗岩ペグマタイ
ト（大粒の結晶でできた火成岩）の中などで産出されま
す。ホルンフェルスという接触変成岩（マグマの熱で
変性した岩石）の中にできたものは、直方晶系から六
方晶系の、まるで花が開いたような形に見えます。
京都府亀岡市の桜天満宮（積善寺）にある「桜
石」が有名で、国の天然記念物に指
定されています。

分類	ケイ酸塩鉱物
化学組成	$(Mg, Fe)_2Al_4Si_5O_{18}$ $\cdot nH_2O$
結晶系	直方晶系
硬度	7〜7.5
比重	2.53〜2.78
色	青色／帯紫青色／帯灰褐青色
象徴	前進
産地	インド、スリランカ、ブラジルほか

アイオライトと
ブルーダイヤを
組み合わせた
デザインの指輪。

Memo

多色性を生かすと、曇りの日でも太
陽の位置を調べられるため、古くは
バイキングの航海士がコンパスがわ
りに使っていたといわれています。

アンダリュサイト

Andalusite

紅柱石
こう ちゅう せき

鉱物名
アンダリュサイト

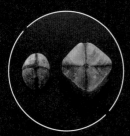

【 Rough stone 】

石の特徴

スペインのアンダルシア地方で発見された宝石。光の角度で色が変わって見える「多色性」を持つ石で、見る角度によりブラウンから黄色、グリーンに変化し、写真のように複数の色が混ざり合ったように見えます。割れやすい性質があるため、リングなどに使う場合は、ぶつけないように注意が必要です。また、日光によって褪色する可能性があるため、日の当たらないところで保管しましょう。

どうやってできたか

アルミニウムとケイ酸成分の多い変成岩にでき、アイオライト（P.134）やカイアナイト（P.164）などを伴って産出されることも。花崗岩やペグマタイト（大粒の結晶でできた火成岩）の中にも見つかります。泥質岩がマグマの熱で変性したホルンフェルスの中にできたものは、ピンクや白色の結晶になることもあります。

分類	ケイ酸塩鉱物
化学組成	Al_2SiO_5
結晶系	直方晶系
硬度	6.5〜7.5
比重	3.13〜3.17
色	赤色／黄色／帯褐赤色／灰緑色／暗緑色／灰色／黒色
象徴	出会いへの誘い
産地	ブラジル、メキシコ、スリランカ、ミャンマーほか

角度を変えると
ブラウンから緑色に
変化する
アンダリュサイトの
ペンダントトップ。

デュモルチェライト

Dumortierite

デュモルチ石

鉱物名
デュモルチェライト

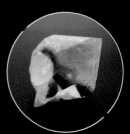

【 Rough stone 】

石の特徴

1881年、発見者であるフランスの考古学者E・デュモルチェにちなんで名づけられました。写真のような青から紫、赤紫などの色幅がある石ですが、その違いは微量に含むチタンの比率によります。チタンが鉄に置き換わるほどにブルーが鮮やかになっていきます。他の結晶のインクルージョンとして見られる場合も。

どうやってできたか

アルミニウムが豊富な変成岩や、花崗岩のペグマタイト（大粒の結晶でできた火成岩）や有色鉱物をほとんど含まない半花崗岩（アプライト）にでき、微針状や繊維状の結晶の集合体の形で見られます。デュモルチェライトは熱に強く、1230℃でムライト（ムル石）に変化しますが、熱に強いのはアルミニウムを多量に含むため。また、パイロフィライト（P.168）の中に、青色の斑紋として産出されることもあります。

分類	ケイ酸塩鉱物
化学組成	$Al_7(Bo_3)(SIO_4)_2O_3$
結晶系	直方晶系
硬度	8〜8.5
比重	3.41
色	青色／紫青色／紫色／赤紫色／ピンク／褐色
象徴	-
産地	ブラジル、ロシア、ジンバブエ、コロンビアほか

Memo

もともとあまり注目される石ではありませんでしたが、クオーツのインクルージョンとして見られるデュモルチェライトインクオーツが見つかったことで、近年人気になりました。

ユークレース

Euclace

ユークレース

鉱物名
ユークレース

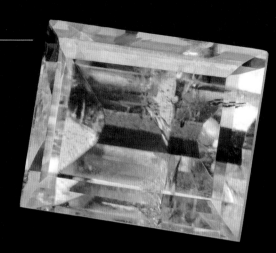

【 Rough stone 】

石の特徴

ベリリウムを含む鉱物で、結晶は断面が菱形になる柱状結晶。へき開によって割れやすいのも特徴です。色は無色から緑色、青色、白色、黄色などがありますが、特に人気なのは青いユークレース。もともと珍しいことに加え、加工がしにくいため、「職人泣かせの石」として知られ、写真のようにカットされたものはジュエリーショップなどではほとんど見かけません。

どうやってできたか

400〜600℃の低温の熱水鉱脈や花崗岩ペグマタイト（大粒の結晶でできた火成岩）、結晶片岩などで見つかっています。ブラジル産は淡い青色が多いのですが、コロンビアでは濃い青色の結晶が発見されています。近年、ジンバブエでも産出されています。2011年に日本の岐阜県でも見つかっていますが、微小な結晶が産出したのみです。

分類	ケイ酸塩鉱物
化学組成	AlBe[OH・SiO4]
結晶系	単斜晶系
硬度	6.5〜7.5
比重	3.05
色	黄色／淡青色／青色／淡緑色／白色
象徴	-
産地	ブラジル、ロシア、ジンバブエ、コロンビアほか

Memo

2010年代、漫画作品のキャラクターとして登場したことで、日本国内で人気の宝石となりました。

ダンビュライト

Danburite

ダンブリ石(せき)

鉱物名
ダンビュライト

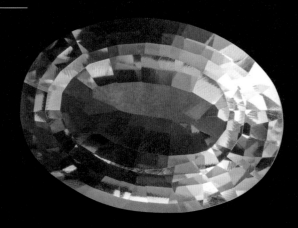

【 Rough stone 】

石の特徴

基本的には、写真のように無色透明な石で、結晶の形がトパーズ（P.132）に似ています。一方で、トパーズより透明度が高く、分散率が大きいため、より輝いて見えるのが特徴。その輝きからイペリアルトパーズ（P.133）と比較されますが、ダンビュライトの方が産出が少なく、希少です。高品質とされるのは、特徴である透明度が高いもの。一方で、黄色みを帯びた「ゴールデンダンビュライト」は産出量が極端に少ないため、透明度に関係なく高く評価されています。

かつては日本が名産地だった

現在、美しいダンビュライトは、メキシコ産が有名ですが、以前は日本も人気産地のひとつでした。江戸時代に開発された宮崎県の土呂久（とろく）鉱山で良質なダンビュライトやアキシナイトが採れ、世界のコレクターを魅了しましたが、1973年に閉山しています。

分類	ケイ酸塩鉱物
化学組成	$CaB_2(SiO_4)_2$
結晶系	直方晶系
硬度	7〜7.5
比重	2.97〜3.03
色	無色／白色／黄色／ピンク色／褐色／灰色
象徴	-
産地	メキシコ、ボリビア、アメリカほか

Memo

もともと美しい宝石であることに加え、日本で高品質なものが産出されていたことから、「ジャパニーズダイヤモンド」と呼ばれていました。

ペリドット

Peridot

橄欖石
<small>かんらんせき</small>

鉱物名

オリビン

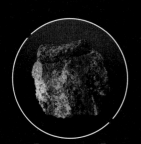

【 Rough stone 】

石の特徴

古代エジプト王朝で愛された宝石。太陽神を崇拝していた王は、ペリドットの中に見える円形亀裂を、「Sun Spangle（太陽のきらめき）」が封じ込められていると考えて愛好したという説があります。後述の通り、マグマから生まれる宝石であるため、火山噴火などで大量に表出することがあります。2018年、ハワイ島のキラウエア火山が噴火した際に、「空からペリドットが降ってくる」というニュースが話題となりました。透明度が高く、鮮やかなグリーンのものが人気です。

どうやってできたか

地下の深いところで、マグマが高温のうちに最初に結晶になる鉱物です。結晶化したペリドットを抱えた玄武岩は急激なマグマの上昇により地表近くに運ばれると、気圧の力でペリドットとともに粉々になってしまうため、大きな結晶は多くありません。

分類	ケイ酸塩鉱物
化学組成	$Mg_2[SiO_4]$と$Fe_{2\cdot2}[SiO_4]$の固溶体
結晶系	直方晶系
硬度	6.5〜7　比重 3.22〜3.45
色	黄緑色〜緑色／褐緑色から黒色
象徴	希望
産地	アメリカ（アリゾナ州、ニューメキシコ州、ハワイ州）、中国、ミャンマーほか

約3ctのペリドットの指輪。
ダイヤとガーネットによる
ラインも美しい。

Memo

鉱物学では、オリーブの実の色に似ていることから「Olivine（オリビン）」と呼ばれます。

ジェダイト

Jadeite

翡翠輝石
（ひすいきせき）

鉱物名

ジェダイト

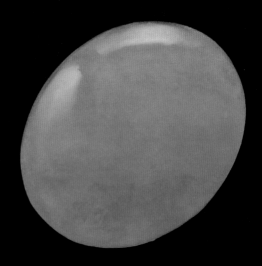

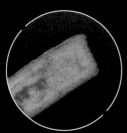

【 Rough stone 】

石の特徴

2016年に日本の国石に認定されたジェダイト（翡翠）。写真のような緑色のイメージが強いですが、実は白や紫、赤などバリエーションが豊富。見た目や質感がよく似たネフライト（P.142）もヒスイと呼ばれますが、両者は全く別の石。ネフライトを「軟玉（なんぎょく）」と呼ぶのに対し、より硬いジェダイトは「硬玉（こうぎょく）」と呼ばれ、さらに高価とされます。割れにくい石ですが、表面にキズがつきやすいので、ぶつけないように注意しましょう。

どうやってできたか

大山脈や列島を生み出すプレートの運動（造山運動）により、1万気圧程度の圧力が集中してかかった蛇紋岩の中に形成されます。地殻変動によって地表に押し出されるほか、鉱床の風化とともに川や海に流されて発見されることも。ミャンマーの土壌で見つかる原石は、表面が酸化変質して褐色の膜で覆われています。

分類	ケイ酸塩鉱物
化学組成	$NaAl(Si_2O_6)$
結晶系	単斜晶系
硬度	6.5〜7
比重	3.25〜3.26
色	無色／白色／緑色（濃淡）／黒緑色／黄緑色／黄色／褐色／赤色／橙色／紫色（濃淡）／ピンク色／灰色／黒色
象徴	安全／福徳／福財／幸運
産地	日本、ミャンマー、ロシア、アメリカほか

Memo

もともと人気でしたが、日本の国石に認定されたことで、人気がさらに上昇。有名な産地である新潟県糸魚川市では、一般人が採取可能な場所に人が殺到したことも。

ラベンダージェダイト

Lavender Jadeite

ラベンダー翡翠
<ruby>ひ<rt></rt></ruby><ruby>すい<rt></rt></ruby>

鉱物名
ジェダイト

ヨーロッパで人気の紫色の翡翠。
内部と表面とで色の違いも

赤みのある紫色をしたジェダイトの変種で、写真のようなラベンダー色に見えることから命名。色が豊富なジェダイトの中でも流通量が比較的少ない種類。特にヨーロッパで人気の色とされています。天然の色ではなく、染色されたものも多いので、水や有機溶剤には注意が必要です。

分類	ケイ酸塩鉱物
化学組成	$NaAl(Si_2O_6)$
結晶系	単斜晶系
硬度	6.5〜7
比重	3.25〜3.26
色	紫色（濃淡）
象徴	福徳／福財／幸運
産地	日本、ミャンマー、ロシア、アメリカほか

Memo

表面が発色している原石は、内部の色との対比を生かして、彫刻素材に使われることがあります。

レッドジェダイト

Red Jadeite

赤色翡翠
<ruby>あか<rt></rt></ruby><ruby>いろ<rt></rt></ruby><ruby>ひ<rt></rt></ruby><ruby>すい<rt></rt></ruby>

鉱物名
ジェダイト

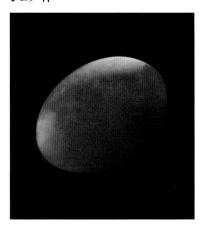

緑色だけでなく、
含有元素により色幅が出る

酸化鉄などを含んでいることで、オレンジ〜赤に発色したジェダイト（P.140）。ジェダイトは緑色のイメージが強いですが、本来は白色の石。クロムや鉄を含むと緑色、マンガンを含むと紫色系になるほか、さまざまな微量な元素を含むことで、赤色、オレンジ、褐色など、異なった発色をします。

分類	ケイ酸塩鉱物
化学組成	$NaAl(Si_2O_6)$
結晶系	単斜晶系
硬度	6.5〜7
比重	3.25〜3.26
色	褐色／赤色／オレンジ
象徴	-
産地	ミャンマーほか

Memo

土壌の鉄分が染み込んで赤く発色したものは、内部が緑色であることがあります。

ネフライト

Nephrite

軟玉
<small>なん ぎょく</small>

鉱物名

ネフライト

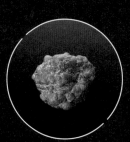

【 Rough stone 】

石の特徴

古代中国で、ジェダイト（P.140）が発見されるまでは神聖視されていた宝石。持つ者に命を与え、不死の力を宿すと信じられていたため、遺体とともに埋葬されていたこともあります。中でも新疆ウイグル自治区で産出された最高位の「ホータンの白玉」は、重要な交易品とされていました。衝撃に強く割れにくいですが、キズがつきやすいのでスレに注意しましょう。

どうやってできたか

角閃石の鉱物であるアクチノライト（緑閃石）とトレモライト（透閃石）の、小さな繊維状の結晶が集合して形成。双方の混在具合によって色が変化し、アクチノライトが多いと写真のような緑色や黒色が、トレモライトが多いと明るい白色やクリーム色となります。緻密な組織であるため靭性（素材の粘り強さ、割れにくさ）が強いのが特徴です。

分類	ケイ酸塩鉱物
化学組成	$Ca_2Mg_5Si_8O_{22}(OH)_2$ など
結晶系	単斜晶系
硬度	6.0〜6.5
比重	2.9〜3.02
色	白色／緑色／濃緑色／黄緑色／淡黄色／褐色／黒色
象徴	高貴／名誉／精神／道徳
産地	アメリカ（ワイオミング州、アラスカ州）、カナダ（ブリティッシュ、コロンビア州）、台湾、中国ほか

Memo

ネフライトは繊維状の構造であるため衝撃に強く、武器に使われることもあったため、「アックスストーン（斧の石）」とも呼ばれていました。

さまざまな宝石のジュエリー

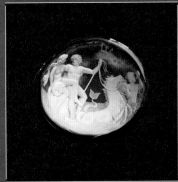

上／ブルーのラピスラズリ、ルビー、瑪瑙（めのう）でデザインされた世界的宝石彫刻家・ムンシュタイナーのカッティングデザインによるペンダント。
中央／浮き彫りの技法である「カメオ」。縞瑪瑙にギリシャ神話の海神ポセイドンの出てくるシーンを手彫りで描いた置物。
下／ジェダイトにダイヤを組み合わせたリング。日本では「翡翠」と呼ばれ、世界各地で古くから愛されてきた宝石。

クンツァイト

Kunzite

リシア輝石（き せき）

鉱物名
スポジュミン

産地によって個性がある
柔らかな色み

学術的にはスポジュミンと呼ばれる鉱物ですが、そのうち、写真のような淡いピンクから紫色のものをクンツァイトと呼びます。光や熱、衝撃に弱く、特に産出量の多いアフガニスタンのクンツァイトは、直射日光に短時間あてただけで変色してしまうことも。太陽の光に当てた後に暗い部屋で見るとキラキラ輝く「燐光」という性質をもつものもあります。

分類	ケイ酸塩鉱物
化学組成	$LiAl[Si_2O_6]$
結晶系	単斜晶系
硬度	6.5〜7
色	ピンク色／紫色
象徴	無限の愛／自然の恵み
産地	ブラジル、アフガニスタン、マダガスカル、アメリカ、ミャンマー、インド、イタリア、ロシア、カナダ

【 Rough stone 】

ヒデナイト

Hiddenite

リシア輝石（き せき）

鉱物名
スポジュミン

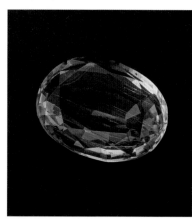

安定した緑色のスポジュミン

クンツァイト（上段）と同じ、スポジュミンの一種。クロムを含むことで、写真のような緑色に発色します。発見当初は新種の鉱物だと思われ、鉱山監督ヒデンの名前にちなんで命名されました。同じスポジュミンであるクンツァイトに比べて色みが安定していますが、衝撃に弱いのは同じ。ジュエリーとしての使用にはあまり向きません。

分類	ケイ酸塩鉱物
化学組成	$LiAl[Si_2O_6]$
結晶系	単斜晶系
硬度	6.5〜7
色	黄緑色／緑色／帯緑黄色／帯青緑色
象徴	無限の愛と自然の恵み
産地	ブラジル、アフガニスタン、マダガスカル、アメリカ、ミャンマー、インド、イタリア、ロシア、カナダ

【 Rough stone 】

アキシナイト

Axinite

斧石
（おの）（いし）

鉱物名

アキシナイト

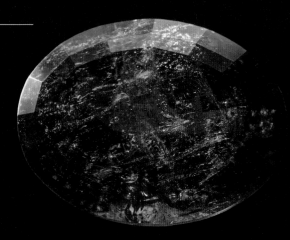

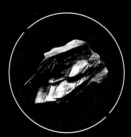

【 Rough stone 】

石の特徴

アキシナイトは鉱物のグループ名で、結晶内の成分によって4種類に分類されます。単純に「斧石」と呼ばれる場合は、産出量が最も多い「鉄斧石」を指します。角度によって色が変わって見える「多色性」があるユニークな石ですが、ルースに加工するほど高品質なものが少ないことと、衝撃で割れやすい性質があることから、宝飾品としての流通はまれです。

どうやってできたか

「鉄斧石」はペグマタイトや変成岩、火山岩の中で産出されており、かつて日本は世界有数の産地として知られていました。「鉄斧石」とは微妙に成分が異なる「マンガン斧石」と「チンゼン斧石」はマンガン鉱床中に、「苦土斧石」は高圧の変成岩中に形成されます。

分類	ケイ酸塩鉱物
化学組成	$Ca_2FeAl_2(BSi_4O_{15})(OH)$ など
結晶系	三斜晶系
硬度	6.5〜7
色	褐色／黄色／淡紫色／淡赤色／淡ピンク色／青色
象徴	精神の安定／癒やし／知的
産地	メキシコ、アメリカ、タンザニア、日本ほか

Memo

「斧石」の名の通り、原石が写真のようなユニークな形のため、鉱物コレクターの間で人気があります。

ベスビアナイト

Vesuvianite

ベスブ石(せき)

鉱物名
ベスビアナイト

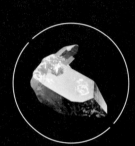

【 Rough stone 】

石の特徴

イタリアのベスビアス火山で見つかったことから名がついたベスビアナイト。宝石業界では長らく「アイドクレーズ」と呼ばれており、現在どちらの名前でも流通しています。産地によって多彩な色を持ち、写真のような銅イオンによって青色や緑色に発色したものは「シプリン」、ニューヨーク産の黄褐色のものは「クサンサイト」と呼ばれています。透明度が高く、大粒のものは少ないため、宝飾品としての流通はまれです。

どうやってできたか

石灰岩に貫入したマグマによって形成されたスカルンの中で産出されます。産地が多いものの大きな結晶の産出は少なく、ファセットカットができる透明な結晶はまれな存在です。火山の噴気孔付近で発見される場合もあります。

分類	ケイ酸塩鉱物
化学組成	$Ca_{19}(Fe, Mn)(Al, Mg, Fe)_8Al_4(F, OH)_2(OH, F, O)_8(SiO_4)_{10}(Si_2O_7)_4$
結晶系	正方晶系
硬度	6〜7
比重	3.4
色	緑色／黄緑色／褐色／黄色／青色／赤色／ピンク色／紫色／白色／無色
象徴	二人の愛
産地	アメリカ、イタリア、ロシアほか

Memo

日本でも産出され、神奈川県西丹沢で採れるものは、県の天然記念物に指定されています。

タンザナイト

Tanzanite

灰簾石、黝簾石
<small>かい れん せき ゆう れん せき</small>

鉱物名
ゾイサイト

【 Rough stone 】

石の特徴

バナジウムによる、濃い青色や紫色の発色が特徴の石。多色性を持ち、見る角度によって色が変化します。写真でもわかるように、サファイア（P.077）のような美しさをもつため人気がありますが、年々産出量が減っており、ダイヤモンド（P.068）よりも希少性が高いとされる石です。割れやすい性質があるので、取り扱いには注意が必要。超音波洗浄によって粉々になってしまった例があります。

どうやってできたか

変成岩の一種である片岩や片麻岩、角閃岩中で形成されます。石英脈や火成岩のペグマタイト中で産出される場合も。市場に流通するタンザナイトの中には、黄色や褐色を帯びたゾイサイトの原石に加熱処理を施したものも含まれています。

分類	ケイ酸塩鉱物
化学組成	$Ca_2Al_3(SiO_4)_3(OH)$
結晶系	直方晶系
硬度	6〜7
比重	3.3〜3.5
色	青色／淡紫色
象徴	洞察力／神秘性／霊力
産地	タンザニア

約17.586ctの
特大タンザナイトの指輪。

Memo

タンザニア以外の産地のものは、単に「ブルーゾイサイト」と呼ばれます。

スキャポライト

Scapolite

柱石（ちゅうせき）

鉱物名
スキャポライト

【 Rough stone 】

石の特徴

カルシウムを含む「メイオナイト」とナトリウムを含む「マリアライト」が属するスキャポライト。シトリン（P.109）やアメシスト（P.108）と似ていたことから発見が遅れ、宝石にふさわしい品質の石は1913年にミャンマーで見つかり、広く流通するように。結晶内にチューブ状の内包物が含まれることが多く、ピンク色や紫色のもので特に見られます。カボションカットを施すと、鮮明なキャッツアイ効果を示す場合も。

2種類の鉱物が混ざった石

発見当初は単一の鉱物だといわれていましたが、メイオナイトとマリアライトが混ざり合った状態だと考えられるようになりました。結晶の構造内でそれぞれの量は入れ替わります。写真の原石のような長い柱状の結晶が産出されることから、「柱石」の和名がつけられました。

分類	ケイ酸塩鉱物
化学組成	メイオナイト：$Ca_4[CO_3|(Al_2Si_2O_8)_3]$ マリアライト：$Na_4[Cl|(AlSi_3O_8)_3]$の固溶体
結晶系	正方晶系
硬度	5.5〜6　　比重　2.5〜2.8
色	無色／白色／黄色／ピンク色／紫色／褐色／灰色／黒灰色
象徴	希望／潔白（古代はトパーズと誤認されていた可能性がある）
産地	ミャンマー、タンザニア、スリランカ、モザンビーク、カナダ、アフガニスタンほか

Memo

ヨーロッパでは古代から人気の宝石。天然のパープルやバイオレットのスキャポライトは、希少性が高いです。

エピドート

Epidote

りょく れん せき
緑簾石

鉱物名
エピドート

石の特徴

エピドートは10種以上の鉱物からなるグループ名で、緑簾石はその代表格。アルミニウムを多く含むと、灰色や写真のような淡い褐色になり、「クリノゾイサイト」と呼ばれます。鉄が多く含まれるほど緑色を帯び、ピスタチオのような明るい緑色の石は「ピスタサイト」、フランス産の黄緑色の石は「デルフィナイト」などと名称が変わります。マンガンを含むと紅色の「ピーモンタイト」となり、赤い縞模様が現れる場合も。

どうやってできたか

低度の変成岩で広く産出されます。針状や柱状、角栓状の結晶が形成され、繰り返し平行に集合することから、和名に「簾」の文字が使われています。エピドート単体よりも、クオーツの表面や内部で結晶化したものが多く流通しています。日本では長野県で産出される「やきもち石」が有名です。

分類	ケイ酸塩鉱物
化学組成	Ca 2 Fe 3 +Al 2 [OH|O|SiO 4 |Si 2 O 7]
結晶系	単斜晶系
硬度	6〜7
比重	3.3〜3.5
色	緑色／黄緑色／褐緑色
象徴	運命からの解放
産地	オーストリア、ロシア、チェコ、ノルウェー、日本ほか

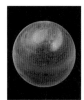

マンガンを含み
ピンク色をした
ピーモンタイト

シリマナイト

Sillimanite

珪線石
けい せん せき

鉱物名

シリマナイト

【 Rough stone 】

石の特徴

多色性の強い石。写真の通り、鮮やかな色みではなく、もろいので宝飾品に使われることは少ないですが、淡いブルーとイエローが同居したカット石は人気があります。アメリカの著名な学術誌『アメリカン・ジャーナル・オブ・サイエンス』を創刊した科学者のベンジャミン・シリマンにちなんで名づけられました。

どうやってできたか

変成岩の一種である片麻岩をはじめ、さまざまな火成岩から産出される変成鉱物。多くは砂鉱床から採取されます。細い針状の結晶がよく見つかり、その中でも微細な繊維状の原石をファイブロライトと呼んでいます。高温・中高圧下で形成されるため耐熱性に優れており、不燃材や断熱材、高温度用のセラミックなど工業用鉱物として使われています。

分類	ケイ酸塩鉱物
化学組成	$Al_2[O|SiO_4]$
結晶系	直方晶系
硬度	6.5〜7.5
比重	3.2〜3.4
色	無色／白色／灰色／黄色／褐色／帯緑色／青色／青紫色／帯紫黒色
象徴	問題解決
産地	ミャンマー、スリランカ、インド、ケニア、アメリカ、カナダ、イギリス、フランス、ドイツ、ブラジル、マダガスカル、南アフリカ、韓国、ロシア

ライムイエローのキラキラとした輝きが美しいシリマナイトの指輪。約5ct。

プレナイト

Prehnite

葡萄石
<small>ぶ どう いし</small>

鉱物名

プレナイト

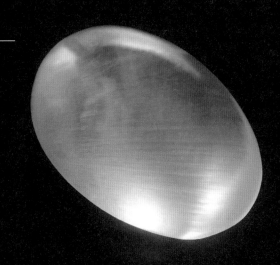

【 Rough stone 】

石の特徴

鉱物収集が趣味のオランダ陸軍のプレン大佐が発見し、後に新種とわかったことで命名されました。発見者の名前が鉱物名になった初めての例といわれています。和名は、写真の原石のような、ぶどうの房状の見た目から。ほかの鉱物とくっついて産出される場合もあり、クオーツやアルバイト、パンペリアイト、カバサイト、カルサイトなどが代表的。それらが繊維状に集合してプレナイトの内部に取り込まれることもあります。

どうやってできたか

主に塩基性火山岩の鉱脈や空洞内にて形成。結晶は非常に小さなものが多く、多くはぶどうの房のような形状で産出されます。仏頭状や球状、鍾乳状となる場合、原石の内部では繊維状の結晶が一点から放射状に広がっており、カボションカットを施すとキャッツアイ効果が表れます。

分類	ケイ酸塩鉱物
化学組成	$Ca_2Al[(OH)_2|AlSi_3O_{10}]$
結晶系	直方晶系
硬度	6～6.5
比重	2.8～2.9
色	(濃淡)緑色／白色／黄色／灰色／無色
象徴	意志の貫徹／根気強さ
産地	オーストラリア、インド、イギリス、アメリカ、南アフリカ、カナダほか

Memo

プレナイトの中でも、濃厚な黄色のものを「ゴールデンプレナイト」といいます。その美しさからアクセサリーとして人気がありますが、産出量が減少しており、希少価値が高まっています。

ベニトアイト

Aqua Marine

ベニト石

鉱物名
ベニトアイト

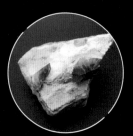

【 Rough stone 】

石の特徴

宝石質の産出地はアメリカ・カリフォルニア州の鉱山のみ。その鉱山も2005年に閉鎖されたため、現在は産出されていない大変希少な宝石です。写真のような明るい青色が有名ですが、まれに無色やピンク色の結晶が見つかることも。とても強く光を分散し、ダイヤモンド（P.068）とよく似た「ファイア」（虹色の輝き）を示しますが、濃い色みのためあまり目立ちません。結晶を上からではなく横から見ることで、最も美しい色が現れるといわれています。

世界中でも希少な鉱物

バリウムとチタンを含む、非常に珍しいケイ酸塩鉱物です。宝石は小さく、3ctを超えることはめったにないといわれています。日本やアメリカのアラスカ州でも少量発見されますが、宝石質のものは産出されていません。

分類	ケイ酸塩鉱物
化学組成	$BaTiSi_3O_9$
結晶系	六方晶系
硬度	6.5
比重	3.6〜3.7
色	明るい青色／無色／ピンク色
象徴	高貴／自信
産地	アメリカ

アメリカ・カリフォルニア州・サンベニト郡で採られていた希少石ベニトアイトの指輪。
現在は入手困難なコレクターストーン。

Memo

アレキサンドライト（P.175）と同じく多色性があり、見る角度で色合いが変わります。

アウイン

Haüyne

藍方石
らん ぼう せき

鉱物名
アウイン

【 Rough stone 】

石の特徴

結晶学の創始者であるフランスの鉱物学者R.J.アウイにちなみ名づけられました。写真に見られる青く美しい色からサファイアに似ているといわれますが、サファイアよりも高価な鉱物です。同じ準長石のグループであるソーダライト（P.161）と性質が似ていて、肉眼では区別がつきません。熱に強い一方で酸には弱く、容易に溶けてしまうため手入れには十分注意が必要です。「蛍光」するものもあります。

どうやってできたか

溶岩やケイ酸が不足した火山岩で形成され、不定形の粒状で産出されます。結晶は本来8面体や12面体を示しますが、明瞭な結晶で発見されることは少なく、結晶中に曇りやキズが多いという特徴もあります。まれに大理石に似た変成岩中にも見られます。

分類	ケイ酸塩鉱物
化学組成	$Na_8Ca_2[SO_4](AlSiO_4)_3]_2$
結晶系	等軸晶系
硬度	5.5〜6
比重	2.4〜2.5
色	（濃淡）青色／帯灰白色／帯緑白色／帯黄白色／帯赤白色
象徴	過去との決別
産地	ドイツ、イタリア、ロシア、アフガニスタン、アメリカ、カナダ、フランス、モロッコ、中国ほか

Memo

硬度が低く、もろいため、カットされた大きめの宝石が出回ることは少ないです。宝石としての使用に耐えうる品質のものは、ドイツのアイフェル地方が産地になっています。

ジルコン

Zircon

風信子石
<ruby>風<rt>ひや</rt></ruby><ruby>信<rt>しん</rt></ruby><ruby>子<rt>す</rt></ruby><ruby>石<rt>せき</rt></ruby>

鉱物名
ジルコン

【 Color variation 】

石の特徴

高い屈折率と強い光の分散を持ち、ダイヤモンドに近いファイアを見せる鉱物。ただ原石はくすんだ褐色の原石が多いため、加熱処理が施されます。写真でも褐色のものと透明なものがあるように、条件により青色、無色、黄色、赤色などさまざまな色に変化します。

どうやってできたか

花崗岩などの岩石中に広く含まれる鉱物です。ジルコンの結晶には放射性元素（ハフニウムやウラン、トリウムなど）を高濃度で含むものもみられます。そういったものは、内部から放射能にさらされ続けるため、結晶構造が破壊されてしまいます。その放射線の影響の度合いによって、結晶が破壊していない「ハイ・タイプ」、破壊され結晶構造の多くを失った「ロー・タイプ」、その中間（破壊過程）にあたる「ミディアム・タイプ」に分類されています。

分類	ケイ酸塩鉱物
化学組成	Zr[SiO$_4$]
結晶系	正方晶系
硬度	6.5〜7.5（ハイタイプ：7〜7.5、ミディアムタイプ：6.5〜7、ロータイプ：6.5）
比重	10.5
色	褐色／黄色／橙色／赤色／赤褐色／黄緑色／緑色／褐緑色／褐黒色／*白色／*無色／*青色（*ほとんどは加熱加工石）
象徴	平和／悲愴感の解消
産地	タイ、スリランカ、ミャンマー、ベトナム、オーストラリア、タンザニアほか

Memo

ファセットの縁を見ると、線が二重に見える「ダブリング」という現象が起き、ダイヤモンドと見分けるポイントになっています。

スギライト

Sugilite

杉石
<ruby>杉<rt>すぎ</rt></ruby><ruby>石<rt>いし</rt></ruby>

鉱物名
スギライト

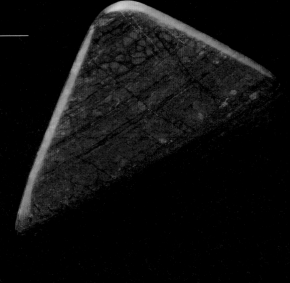

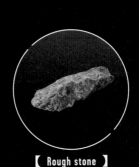

【 Rough stone 】

石の特徴

日本で初めて発見され、岩石学者の杉健一にちなみ名づけられた鉱物です。写真のような濃い紫色の石がスギライトとして知られていますが、実はマンガンを含むスギライトの変種。最初に見つかったものは黄褐色のものでした。半透明でゼリーのような質感の石は希少性が高く、「インペリアル・スギライト」と呼ばれます。太陽や紫外線で褪色する場合があるので、保管する場所には注意が必要です。

どうやってできたか

変成マンガン鉱床や大理石の中で形成され、多くは塊状か粒状で産出。瀬戸内海の岩城島で発見された鉱物は黄褐色の微小な結晶でしたが、後に南アフリカにあるウィーセル鉱山で紫色からピンク色の鉱物が大量に採掘されました。現在、宝石質のスギライトが産出されるのは、南アフリカのウィーセル鉱山のみです。

分類	ケイ酸塩鉱物
化学組成	KNa 2 (Fe 2 +、Mn 2 +、Al) 2 Li 3 [Si12O30]
結晶系	六方晶系（粒状集合体）
硬度	5.5〜6.5
比重	2.7〜2.8
色	（濃淡の）赤紫色／ピンク色／淡黄褐色
象徴	邪気の予防
産地	南アフリカ、イタリア、オーストラリア

Memo

ラリマー（P.162）やチャロアイト（P.171）とともに、世界三大ヒーリングストーンとして人気です。

ロードナイト

Rhodonite

薔薇輝石

ばらきせき

鉱物名
ロードナイト

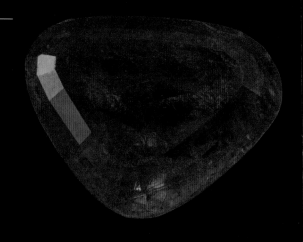

【 Rough stone 】

石の特徴

薔薇の花のような色から名づけられた鉱物。本来の色は写真の原石のようなピンク色ですが、鉄の含有量が増えると褐色みを帯びます。酸化マンガンからなる黒色のスジや斑紋を持つものが多いです。日光の下で大気にさらされると表面から変色し、最後には黒変してしまうので、取り扱いには注意しましょう。宝石以外に、彫刻の材料として利用されることもあります。

どうやってできたか

マンガンの鉱物で、丸い結晶や塊状、粒状で発掘されます。同じ性質を持つ鉱物パイロクスマンガイト等と共生することもあり、カルシウムや鉄等の成分量の違いで、結晶の種類が大きく変わる不思議な性質があります。ウラル山脈のエカテリンブルクの鉱山は、特に美しいロードナイトの産出地として有名です。

分類	ケイ酸塩鉱物
化学組成	(Mn, Ca)Mn 4 [Si 5 O15]
結晶系	三斜晶系
硬度	6
比重	3.4〜3.7
色	ピンク色（濃淡）／褐ピンク色／帯紫赤色
象徴	不安からの解放
産地	オーストラリア、ロシア、スウェーデン、メキシコ、イギリス、南アフリカ、日本

Memo

硬度がそこまで高くないため、ジュエリー向けに加工されるよりも、ビーズやカボションカットなどを施して流通することが多い鉱物です。

ダイオプサイド

Chrome Diopside

透輝石
_{とうきせき}

鉱物名
ダイオプサイド

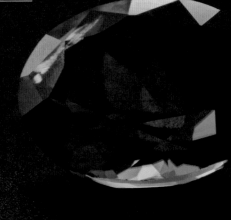

【 Rough stone 】

石の特徴

岩石を構成する主要な鉱物であるダイオプサイドの中でも、特に写真のようなクロムを多く含んで、濃い緑色に発色したものが美しいとされています。クロムによる発色のため、濃く重いグリーンながら鮮やかさが感じられます。エメラルドに似ているため、エメラルドカットに加工されたものが人気です。

どうやってできたか

さまざまな火成岩や変成岩に含まれる鉱物。短柱状の結晶や繊維状の塊、大きな柱状結晶の集合体で産出されることが多いです。ダイオプサイドを構成するマグネシウムに代わって鉄を含んだ「ヘデンバージャイト」や、鉄よりマンガンが多く含まれる「ヨハンセナイト」と溶け合い、ひとつにまとまった形状で産出されることが多く、それらとの区別が難しくなっています。

分類	ケイ酸塩鉱物
化学組成	$CaMg[Si_2O_6]$
結晶系	単斜晶系
硬度	5.5〜6.5
比重	3.2〜3.4
色	緑色（濃淡）／黄緑色／黄褐色／褐色／灰色／黒色／無色
象徴	理性、知識
産地	ロシア、オーストリア、イタリア、スイス、フィンランド、スウェーデン、インド、ミャンマー、マダガスカル、パキスタン、スリランカ、ブラジル、南アフリカ、カナダ、アメリカほか

Memo

宝石としてグレードが高いものの多くはロシア産。そのため、「ロシアンエメラルド」と呼ばれることも。

ラピスラズリ

Lapis lazuli

瑠璃（るり）

鉱物名
ラピスラズリ

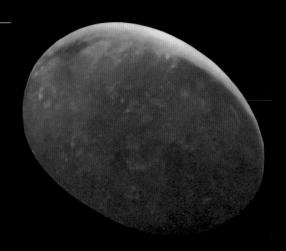

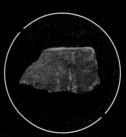

【 Rough stone 】

石の特徴

古代エジプトでは装飾品として使われていたラピスラズリ。ラテン語でラピスは「石」、ラズリは「青」を意味するように、写真に見られる深い青色が特徴です。実はラズライトをはじめとした数種類の青色の鉱物が集まって塊になったもので、全世界でも数カ所でしか見つかっていない珍しい宝石です。絵の具としても使われ、ヨーロッパでは「ウルトラマリン」として重宝されていました。

どうやってできたか

地殻の変動などによって海底から地表高くまで移動した石灰岩が、マグマで熱せられると大理石に変化します。その際、ナトリウム・硫黄・塩素・アルミニウムが揃うと、複数の青い鉱物（ラズライトなど）が形成され、それらがごく小さな結晶をつくりながら固まると、ラピスラズリになります。

分類	ケイ酸塩鉱物
化学組成	$(Na\,Ca)_8(AlSiO_4)_6(SO_4, S, Cl)_2$
結晶系	立方晶系
硬度	-
比重	2.38〜2.95
色	紺青色をベースに、パイライトの金色斑、母岩のカルサイトの白色部が存在する
象徴	厄除け／健康／愛和
産地	アフガニスタン、ロシア、チリ、カナダ、ミャンマー、アルゼンチン、イタリア、アメリカ、アンゴラ

約13.5ctの迫力のラピスラズリを縁起のいい八角形にデザインしたリング。

スフェーン

Sphene、Titanite

楔石、チタン石
<small>くさびいし　　せき</small>

鉱物名

タイタナイト

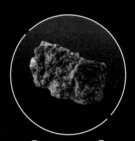

【 Rough stone 】

┃ 石の特徴

平べったい三角錐の特徴的な結晶の形から、「クサビ」を意味するギリシャ語「shenos」という語を使って名づけられた石。光に対する分散率（石に入った光が虹のように分かれ輝く度合い）がダイヤモンドよりも大きく、透明な原石をカットすると、写真のようなギラギラとした反射光が現れます。

┃ どうやってできたか

ケイ酸分の多い火成岩やペグマタイト、片麻岩、スカルン、結晶片岩の中に複製分鉱物として広く産出されます。しかし軟らかくへき開性（P.036）があるため、宝石として使える品質の結晶は多くありません。多色性が強く、常に多少の鉄分を含んでいるため、褐色がかった黄色や緑を示します。

分類	ケイ酸塩鉱物
化学組成	CaTi [O|SiO 4]
結晶系	単斜晶系
硬度	5〜5.5
比重	3.5〜3.6
色	黄緑色／褐色／黄色／翠緑色／赤橙色／褐黒色
象徴	純粋／永久不変
産地	オーストラリア、ブラジル、カナダ、イタリア、スイス、マダガスカル、インド、メキシコ、アメリカ、アフガニスタン、パキスタン

クリソコラ

Chrysocolla

珪孔雀石

鉱物名
クリソコラ

【 Rough stone 】

石の特徴

トルコ石のような見た目の石で、紀元前頃からギリシャやローマで指輪などに使用されてきました。ギリシャ語の「chryso（金）」と「kolla（膠）」が名前の由来で、銅の鉱物から金を取り出す際に用いられたといわれています。縞目が見える原石があることから、"ケイ酸分の多い孔雀石"という意味の和名がつきました。基本的にもろい性質ですが、写真の原石は、クオーツ化（ケイ酸分が染み込んで硬くなること）したもので、「ジェムシリカ」と呼ばれます。

どうやってできたか

かなりの低温で形成される鉱物で、結晶になることはあまりありません。銅鉱床の酸化帯に褐鉄鉱、藍銅鉱、孔雀石、赤銅鉱などとともに、ぶどう状や皮殻状の塊をつくります。見た目だけでなく、産出の仕方もターコイズ（P.182）に似ています。

分類	ケイ酸塩鉱物
化学組成	$Cu_4H_4[(OH)_8 \mid Si_4O_{10}] \cdot nH_2O$
結晶系	直方晶系
硬度	2.5〜3.5
比重	1.93〜2.4
色	青色／緑色／青緑色
象徴	知性美、優雅、繁栄、幸運
産地	アメリカ（アリゾナ州、ネバダ州）、メキシコ、チリ、ロシア、ザンビア、イスラエル、ペルー、イギリス、インドネシア、台湾ほか

Memo

硬度が非常に低く、また、水にも弱いため、お手入れの際には注意が必要。青色が澄んでいるほど、価値が高いです

ソーダライト

Sodalite

方ソーダ石
ほう　　せき

鉱物名
ソーダライト

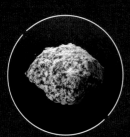

【 Rough stone 】

▍石の特徴

2000年以上前から魔除けのお守りとして使われてきた石。ラピスラズリと似ていますが、金色のパイライトが含まれておらず、すりつぶすと青くなくなる点が異なります。写真の石のように、白や褐色の脈が見られる場合、模様の一部として加工されることも。カナダで鉱山が発見された際、英国王女が訪問中だったことから、「プリンセスブルー」の愛称で呼ばれます。また、透明に近いものは「インペリアルソーダライト」と呼ばれ、ナミビアでまれに産出される希少品です。

▍どうやってできたか

ケイ酸分の少ないマグマが岩盤に入り込んで少しずつ冷えていくときに、マグマがアルカリ性に近く、ナトリウムとカルシムが多く含まれているとソーダライトができます。また、石灰岩の中に同じ条件のマグマが入り込んで変性が起きたときも形成されます。

分類	ケイ酸塩鉱物
化学組成	$Na_8[Cl_2 \mid (AlSiO_4)_6]$
結晶系	等軸晶系
硬度	5.5〜6
比重	2.14〜2.40
色	青色／灰色／白色／無色（まれに黄色／緑色／ピンク色、薄い赤色）
象徴	恐怖心の払拭／悪霊払い
産地	カナダ、ブラジル、ナミビア、イタリア、ノルウェー、ボリビア、エクアドルほか

希少とされるインペリアルソーダライトを使った指輪。

Memo

ユーパライト（P.181）と同じく、ブラックライトで照らすと蛍光するものも。

ラリマー

Pectolite

ソーダ珪灰石
けい かい せき

鉱物名
ペクトライト

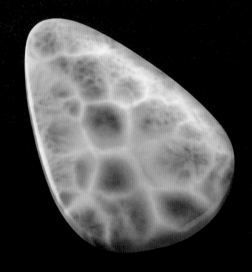

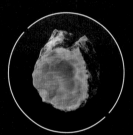

【 Rough stone 】

石の特徴

珪灰石にソーダと水酸基が加わってできたペクトライト。その中で、ドミニカで産出されるブルーのもの（写真）がラリマーと呼ばれます。ラリマーはドミニカの「琥珀」（P.209）、西インド諸島の「コンクパール」（P.205）と併せて、「カリブ海の三大宝石」と呼ばれ、アクセサリーに使用されます。ペクトライト自体は、緻密な細い針状の集合体であることが多く、結晶は薄く長い板状。白色のほか、淡い褐色や黄色、マンガンを含むことでまれにピンクのも産出されます。

どうやってできたか

主に蛇紋岩などの「超塩基性岩」中に形成され、脈状の塊として形成されます。ロジン岩と呼ばれる変成岩の中から産出する場合も。玄武岩や安山岩といった火成岩の空洞中にも見られ、特にドミニカのものは、玄武岩の気孔や空洞の中に形成されます。

分類	ケイ酸塩鉱物
化学組成	NaCa$_2$[Si$_3$O$_8$OH]
結晶系	三斜晶系
硬度	4.5〜5
比重	2.74〜2.88
色	無色／白色／灰色／青色／ピンク色／淡黄色
象徴	愛と平和（ブルー）
産地	イギリス、オーストリア、アメリカ、カナダ、グリーンランド、スウェーデン、ドミニカ、ロシア、モロッコ、チェコ、南アフリカ

淡いブルーと海の水面に光が差し込んだような模様が特徴の、最高品質のラリマーのピアスと指輪。

ダイオプテーズ

Dioptase

翠銅鉱
すい どう こう

鉱物名
ダイオプテーズ

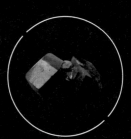

【 Rough stone 】

石の特徴

写真にも見られる鮮やかな緑色から、カザフスタンで初めて発見されたときは、エメラルドと間違えられたこともありました。石を透かしてみたときに、中のへき開がよく見えることから判別されたといわれています。多色性が強いのもダイオプテーズの特徴ですが、大きな塊になると、銅イオンが影響して光を全く通さなくなります。割れやすく、大粒の結晶が少ないため、宝石としてカットされることはあまりありません。

どうやってできたか

銅鉱床の酸化体で、硫化物が風化することで生じます。同じ環境や条件で形成されるマラカイト（P.193）やクリソコラ（P.160）と比べると、とても珍しい鉱物です。通常は小さな結晶で産出されるため、単独で大型の結晶のものは少数。集合体や塊状で産出することが多く、針状の結晶になるものもあります。

分類	ケイ酸塩鉱物
化学組成	$Cu_6[Si_6O_{18}] \cdot 6H_2O$
結晶系	六方晶系（三方晶系）
硬度	5
比重	3.28〜3.35
色	緑色、帯青緑色
象徴	平和、安全
産地	コンゴ民主共和国、チリ、ロシア、ナミビア、アメリカ

Memo

グリーンの鮮やかさが価値の基準になっています。完全なへき開性があり、光に透かすとへき開する方向を見ることができます。アクセサリーとしてだけでなく、原石のまま鑑賞する人も多いです。

カイアナイト

Kyanite

藍晶石
らんしょうせき

鉱物名
カイアナイト

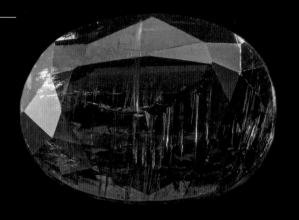

【 Rough stone 】

分類	ケイ酸塩鉱物
化学組成	$Al_2[O|SiO_4]$
結晶系	三斜晶系
硬度	5.5〜7
比重	3.53〜3.68
色	青色／青緑色／緑色／黄色／白色／ほぼ無色／灰色、ピンク色、灰黒色、オレンジ色（橙色）
象徴	感情のバランス／精神の安定
産地	ブラジル、ケニア、インド、アメリカ、カナダ、ミャンマー、スイス、オーストリアなど

石の特徴

鉄とチタンが織りなす独特の美しい藍色（ブルー）をしたカイアナイト。写真でもわかる通り、見た目はサファイアによく似ています。サファイアとの違いは、衝撃によって割れやすく、宝石用のカットが非常に難しいこと。ブルーの色合いは、結晶の中心に近くなるほど濃く、端にいくほど薄くなります。また、結晶の方向により硬さが極端に異なり、結晶に対して横切る方向と平行な方向では硬度が3以上も異なります。そのため、「二硬石」という別名でも知られています。

どうやってできたか

ネパールやチベットを中心に、アルミニウムを多く含む堆積岩や変成岩の中から産出。アンダリュサイト（P.135）とシリマナイト（P.150）とは同質異形の関係で、いずれも低温で高圧な条件の中で形成されます。

カイアナイトは
カットが難しく、
アクセサリーは貴重

アクチノライト

Actinolite

緑閃石
りょく せん せき

鉱物名
アクチノライト

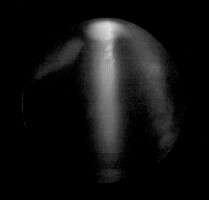
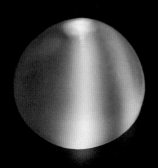

石の特徴

世界中で産出され、岩石を構成する主要な鉱物グループに含まれる石。アクチノライトのように宝石として利用されるものは、グループの中では数少です。別名「陽起石（ようきせき）」と呼ばれ、かつては漢方薬として活用されたこともありました。結晶が細長く成長し、柱状や針状になったものが多く見られます。極端に細くなったものは繊維状の塊となり、人間の体に悪影響を及ぼす「石綿（アスベスト）」を形成する鉱物としても知られています。

どうやってできたか

主にカルシウムとマグネシウム、鉄分を含み、接触変性（熱変性）や広域変性（圧縮変性）により産出されます。形成過程で鉄を取り込んで成長するものもあり、アクチノライトの場合、鉄の量が多くなったものは「フェロ・アクチノライト（鉄緑閃石）」と呼ばれます。

分類	ケイ酸塩鉱物
化学組成	$Ca_2(Mg,Fe_2+)5[OH|i_4O_{11}]_2$
結晶系	単斜晶系
硬度	5〜6
比重	3.03〜3.44
色	緑色（濃淡）／黒色
象徴	守護
産地	タンザニア、マダガスカル、その他ネフライトの産地

Memo

写真はアクチノライトがクオーツに含まれた状態のもの。繊維状に見えるものがアクチノライト。産出量が多いのはこのタイプで、加工もしやすく、宝飾品として流通しています。

サーペンティン

Serpentine

蛇紋石
じゃ もん せき

鉱物名
サーペンティン

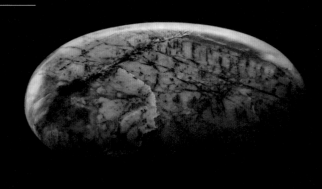

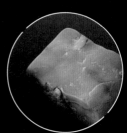

【 Rough stone 】

石の特徴

サーペンティンとは、1種類の鉱物ではなく、同じような性質を持った鉱物のグループを指します。写真のように模様が入った状態が蛇の皮に見えたことから命名されました。大きく分けて「アンチゴライト（Antigorite）」「クリソタイル（Chrysotile）」「リザーダイト（Lizardite）」がありますが、混ざり合っていることも多く、肉眼での見分けは難しいでしょう。塊状で産出されることが多く、脂肪光沢が特徴です。

どうやってできたか

地下の深いところでできた火成岩（深成岩）に熱水が加わることで鉱物が変化して形成され、細かな蛇紋石の結晶が塊になり、蛇紋岩となります。産出されるものは、そうした蛇紋岩が地表に露出したものです。そのため、地殻の大きな変動が起きた地域で見つかることが多いです。

分類	ケイ酸塩鉱物
化学組成	$Mg_6[(OH)_8|Si_4O_{10}]$
結晶系	単斜晶系及び直方晶系
硬度	2.5〜3.5
比重	2.44〜2.62
色	韮緑色／暗緑色／褐緑色／黄色／白色
象徴	旅中の安全、危険の回避
産地	ニュージーランド、中国、アフガニスタン、パキスタン、南アフリカ、アメリカ（ニューメキシコ州、メリーランド州）、ギリシャ、イタリア、韓国、エジプト、インド、イギリス、オーストリアほか

Memo

日本国内では、北海道日高町、埼玉県秩父市、新潟県糸魚川市が産地として知られています。

マイカ

Mica

うん も
雲母、きらら

鉱物名
マイカ

石の特徴

マイカは、カリウムを主な成分とするケイ酸塩鉱物で、成分や色などが異なる50種類以上が知られています。日本では「雲母」という名前も一般的です。鉄を含んだ「黒雲母（アナイト）」、アルミニウムを含んだ「白雲母（マスコバイト）」、リチウムを含んだ「鱗雲母（レピドライト）」と、色や見た目から3つのグループに分けられています。写真のものは白雲母に属する「グリーンマイカ」です。

どうやってできたか

マイカはさまざまな条件や環境で産出されます。特に鱗雲母は、マグマの温度が下がり始めてペグマタイトが形成されるときに、リチウムが多いと「リチウムペグマタイト」として形成され、板状や鱗のような鱗片状の鱗雲母が成長します。一般に層の間をつなぐ力が弱く、簡単にはがすことができます。

分類	ケイ酸塩鉱物
化学組成	$K(Li,Al)_3[(F,OH)_2|AlSi_3O_{10}]$
結晶系	単斜晶系
硬度	2.5〜4
比重	2.75〜3.20
色	白色／黒色／灰色／褐黄色／帯褐白色（茶色っぽい白色）／紫色／ピンク色／緑色
象徴	-
産地	アメリカ、ブラジル、カナダ、スコットランド、ロシア、スウェーデン、オーストラリア、ドイツ、チェコ、南アフリカ、ネパール、メキシコ、中国、日本ほか

※データは鱗雲母のもの

Memo

宝飾品向きの性質ではないので、原石鑑賞用に人気がある鉱物です。

パイロフィライト

Pyrophyllite

葉蠟石
ようろうせき

鉱物名
パイロフィライト

彫刻材としても重宝されてきた宝石

タルク（P.173）に似たすべすべとした感触を持った石。緻密で軟質な特性を利用して、写真のような彫刻材として利用されてきました。現代では化粧品や絶縁材としても使用されています。結晶は薄い板状で、薄い結晶が繰り返し重なった状態や、繊維状、粒状の微結晶が集合した塊で産出されます。

分類	ケイ酸塩鉱物	
化学組成	$Al_2[(OH)_2 | Si_4O_{10}]$	
結晶系	単斜晶系、三斜晶系	
硬度	1〜2	比重	2.65〜2.90
色	白色／黄色／褐色／淡青色／帯灰緑色／帯褐緑色／ピンク色	
象徴	-	
産地	アメリカ、ロシア、ブラジル、イタリア、メキシコ、カナダ、スウェーデン、ベルギー、スイス、フィンランド、韓国、中国、南アフリカ、日本ほか	

Memo

篆刻（てんこく）という印章づくりの素材としてもメジャーな鉱物です。

ハウライト

Howlite

菱苦土石、ハウ石
りょうくどせき　せき

鉱物名
ハウライト

色をつけるとトルコ石にそっくり

写真の通り真っ白な石ですが、質感がターコイズ（P.182）によく似ているため、青く染色したものも流通しています。ノジュール状（硬く丸い石球）で産出されることが多いですが、ほとんどの場合、その内部には固まる際の収縮で生じた部分に別の鉱物が沈殿。クモの巣のようなネット模様になっています。

分類	ケイ酸塩鉱物	
化学組成	$Ca_2B_5SiO_1(OH)_5$	
結晶系	単斜晶系	
硬度	3.5	比重	2.45〜2.58
色	白色／淡灰色	
象徴	平穏・叡智	
産地	アメリカ、カナダ、メキシコ、ドイツ、ロシア、トルコ	

Memo

マグネサイトとよく似ており、市場にもハウライトとしてマグネサイトが流通しているケースも。

ヘミモルファイト

Hemimorphite

異極鉱
_{い きょくこう}

鉱物名
ヘミモルファイト

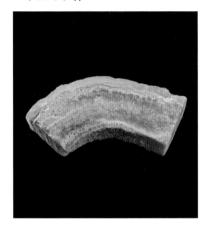

結晶の両端で異なる特徴を見せる

両端で異なる性質を持つ「異極像」を示すことから和名がつきました。通常は無色透明ですが、鉄や銅を含むと写真のような青や褐色に発色します。大きな結晶はまれで、ぶどうの房のように小さな結晶の集合体がよく見られます。熱や力が加わると、電気を発する性質があります。

分類	ケイ酸塩鉱物	
化学組成	$Zn_4[(OH)_2 \mid Si_2O_7] \cdot H_2O$	
結晶系	直方晶系	
硬度	4.5～5	比重	3.35～3.50
色	白色／無色／淡青色／帯青緑色／淡黄色／灰色／褐色	
象徴	悪霊ばらい／保身効果	
産地	メキシコ、アメリカ、ブラジル、ナミビア、ベルギー、イタリア、ギリシャほか	

【 Rough stone 】

メシャム

Meerschaum, Sepiolite

海泡石
_{かい ほう せき}

鉱物名
セピオライト

固くて軽い"海の泡"と呼ばれる鉱物

写真はメシャムを使ったタバコ用パイプ。ライオンの彫刻が施された、白い部分がメシャムです。繊維状結晶の集合体で、軽くて水に浮かぶことから、海の泡という和名がついています。熱水でサーペンティン（P.166）などが変質し、細かな結晶になって再生・集合することで形成されます。繊維が密に固まっているため、硬度の数値以上にかなり硬い石です。

分類	含水ケイ酸鉱物	
化学組成	$Mg_4[(OH)_2 \mid Si_2O_{15}] \cdot 6H_2O$	
結晶系	直方晶系	
硬度	2～2.5	比重	2.0
色	白色／明灰色／淡黄色	
象徴	-	
産地	トルコ、チェコ、ギリシャ、スペイン、カナダ、アメリカ、モロッコ	

Memo

タバコ用パイプの材料として20世紀に有名になりました。亀裂の入っていない原石はとても希少です。

クリノクロア（セラフィナイト）

Clinochlore, Seraphinite

緑泥石
りょく でい せき

鉱物名
クロライト

古代の日本でも使われた緑の石材

輝石や角閃石類が分解した際に発生するクロライトの代表格。モスアゲートや水晶など、他の鉱物に含まれることで、深い緑の色合いを与えます。写真はクリノクロアの集合体で「セラフィナイト」と呼ばれますが、鑑別書上はクリノクロアと記載されます。

分類	ケイ酸塩鉱物		
化学組成	(Mg,FE²⁺,Al)₃[(OH)₂|AlSi₃O₁₀]・(Mg,FE²⁺,Al)(OH)₆		
結晶系	単斜晶系		
硬度	2～2.5	比重	2.65～2.78
色	帯灰緑色／暗緑色／淡緑色／白色／黄色／紫色／無色		
象徴	交友関係の拡大		
産地	アメリカ、メキシコ、ロシア、マダガスカル、フランス、アフガニスタン、スイス		

【 Rough stone 】

ゼオライト

Zeolite

沸石
ふっ せき

鉱物名
ゼオライト

乾燥剤としても使われる"沸騰する"石

ゼオライトは鉱物の名前ではなくグループ名で、50種類以上の石が分類されます。結晶の構造内に水を含んでおり、加熱すると水分を放出し、石が沸騰しているように見えることが和名の由来です。石油や天然ガスの精製など工業分野でも活用されることがほとんどで、写真のようなルースでの流通は少ないでしょう。

分類	ケイ酸塩鉱物		
化学組成	Si₄とAlO₄の三次元的な構造。		
結晶系	種類によりさまざま		
硬度	概ね3～6程度	比重	概ね2～3
色	種類により多様（無色／白色／灰色／黄色／緑色／褐色／ピンク色／橙色／赤色）		
象徴	-		
産地	インド、アメリカ、メキシコ、ブラジルほか		

Memo

工業触媒や吸着剤、乾燥剤など、工業分野でも広く活用されています。

アポフィライト

Apophyllite

魚眼石
(ぎょ がん せき)

鉱物名
アポフィライト

魚の目のようなギラッとした輝きを持つ

特定の方向から結晶を見ると、魚の眼のようなギラッとした輝きを見せる鉱物。その様子から「フィッシュアイストーン」の愛称を持ち、和名にもなっています。結晶を加熱すると、層の間の水分が膨張して、薄くパリパリと剥がれてしまうのも特徴です。写真のような、青みがかった淡い緑色のものが人気です。

分類	ケイ酸塩鉱物
化学組成	$KCa_4[(F,OH)(Si_8O_{20})]\cdot 8H_2O$
結晶系	正方晶系、直方晶系
硬度	4.5〜5　比重　2.30〜2.50
色	無色／白色／帯灰色／淡黄色／緑色／帯褐白色／ピンク色
象徴	-
産地	インド、アメリカ、メキシコ、ブラジル、スコットランド、アイルランド、カナダ、スウェーデン、ドイツ、日本

Memo
インド産のものが品質も高く人気。デリケートなので、宝飾品にした際はキズをつけないよう、スレに注意しましょう。

チャロアイト

Charoite

チャロ石
(せき)

鉱物名
チャロアイト

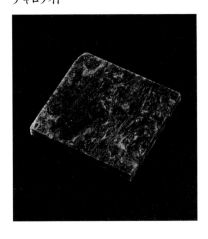

流麗な模様を楽しむ魅惑の鉱物

「魅惑する宝石」という名前を持つチャロアイト。写真のように、ラベンダー、ライラック、バイオレットなど、濃淡さまざまな紫色がうねるように混じり合った模様が個性的です。緻密で靭性に富むので、彫刻などの加工をするのにもぴったり。ロシアのムルン山塊でのみ産出されるといわれています。

分類	ケイ酸塩鉱物
化学組成	$(K,Na)_5(Ca,Ba,Sr)_8[(OH,F)|Si_6O_{16}|(Si_6O_{15})_2]\cdot nH_2O$
結晶系	単斜晶系（繊維状）
硬度	5〜6　比重　2.54〜2.68
色	（濃淡）紫色／赤紫色
象徴	-
産地	ロシア

【 Rough stone 】

ユーディアライト
Eudialyte

ユーディアル石

鉱物名
ユーディアライト

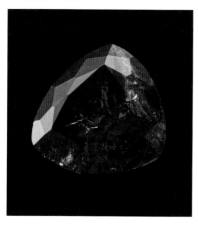

産出量が少なく、酸によく溶ける

1817年にグリーンランドで発見された石。写真の石にも見られるその色合いから、当初はガーネットと混同されました。複雑な組成を持つ希少な鉱物です。酸に溶けやすい性質を持つことから、「よく溶ける」という意味のギリシャ語が名前の由来になっています。宝飾品として使用されるものの多くは、カナダやロシアから産出されます。

分類	ケイ酸塩鉱物		
化学組成	$(Na_{15}Ca)Ca_6Fe_3Zr_3(Si_{25}O_{73})$ $(O,OH,H_2O)_3(Cl,OH)_2$		
結晶系	六方晶系（三方晶系）		
硬度	5〜6	比重	2.70〜3.1
色	帯紫赤色／赤紫色／赤色／ピンク／褐色		
象徴	宇宙との調和		
産地	ロシア、カナダ、ノルウェー、アイルランド、グリーンランド		

Memo

現在はほぼ産出がなく、コレクターが手放さなければ流通しないといわれるほど希少な鉱物です。

シャタカイト
Shattuckite

シャタック石

鉱物名
シャタカイト

濃淡さまざまな青を見せる希少な鉱物

銅を含む鉱物の上に変質して生じる鉱物。アメリカ・アリゾナ州ビスビーのシャタック鉱山から発見されたことでその名がつきました。写真のように、鮮やかな青をベースとした模様のある見た目が好まれ、宝飾品に使われることもあります。多孔質で吸水性が大きいため、研磨の際は合成樹脂を浸透させて強化します。

分類	ケイ酸塩鉱物		
化学組成	$Cu_5[SiO_3]_4OH_2$		
結晶系	直方晶系		
硬度	3.5	比重	4.11〜4.138
色	（濃淡）青色		
象徴	-		
産地	ナミビア、コンゴ民主共和国、アメリカ、アルゼンチンほか		

Memo

よく似たクリソコラ(P.160)とともに結晶化することが多くあります。硬度が低く酸で溶けるので、取り扱い注意。

タルク
Talc

滑石
<small>かっせき</small>

鉱物名
タルク

スベスベの手触りで"石鹸石"の愛称も

マグネシウムに富む岩石中に産出するタルク。多くは塊状で産出され、表面がスベスベしていることからソープストーン（石鹸石）とも呼ばれています。工業面でも重要な鉱物で、セラミックスの材料や潤滑剤、医薬品、化粧品など、さまざまな分野で利用されています。

分類	ケイ酸塩鉱物		
化学組成	$Mg_3Si_4O_{10}(OH)_2$		
結晶系	三斜晶系		
硬度	1〜1.5	比重	2.20〜2.83
色	白色／緑色／緑灰色／ピンク色／褐色／灰色／黄色		
象徴	-		
産地	メキシコ、オーストラリア、ボリビア、ペルー、ポーランド		

Memo

チョークの原料として使用されています。地面に絵を描くときに使うものの多くがタルクでできています。

Mini Column **02** 落雷することでできる鉱物

フルグライト

ケイ砂（ケイ酸塩類を主成分とする砂）に雷が落ちて、高熱の電流が流れると、雷の走ったあとに管状になった天然のガラス（石英ガラス）が形成されることがあります。これは「フルグライト」と呼ばれ、和名は「閃電岩（せんでんがん）」または「雷管石（らいかんせき）」。雷が流れた痕跡であるため、「雷の化石」と呼ばれることもあります。

クリソベリル

Chrysoberyl

金緑石
<small>きん りょく せき</small>

鉱物名
クリソベリル

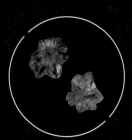

【 Rough stone 】

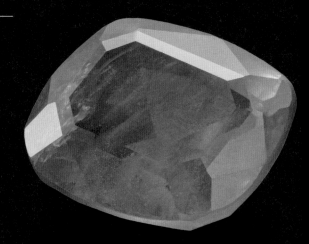

石の特徴

ベリリウムを含む酸化鉱物で、ケイ酸塩鉱物のベリルとは別物。黄色や褐色のものが多く産出されますが、黄緑、緑もよく見られます。中でも、濃厚なハチミツを思わせる「ハニーカラー」という色みのものや、キャッツアイ効果が見られるものが人気です。光源によって色が変わって見える「カラーチェンジ効果」が強いものはアレキサンドライト（P.175）と呼ばれ、世界三大希少石とされています。

希少な3連輪座双晶

クリソベリルの結晶は、2つの結晶が並んで「V字双晶」となります。さらに結晶が成長すると、写真の原石のように、花びらや星を思わせる「3連輪座双晶（さんれんりんざそうしょう）」になります。長年の風化で結晶の形は残らないことが多く、こうしたきれいな3連輪座双晶のクリソベリルの原石は希少です。

分類	酸化鉱物
化学組成	Al_2BeO_4
結晶系	直方晶系
硬度	8.5
比重	3.68〜3.73
色	黄色／帯緑黄色／黄緑色／帯褐緑色／緑褐色／褐色／灰色／黒灰色／無色
象徴	悪霊からの回避／霊感を高める
産地	ブラジル、スリランカ、インド、ロシア、マダガスカル、タンザニア

スリランカ産
クリソベリルの指輪。

アレキサンドライト

Alexandrite

きん りょく せき
金緑石

鉱物名
クリソベリル

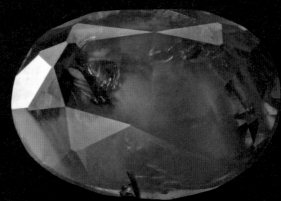

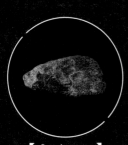

【 Rough stone 】

石の特徴

光源によって色が変わって見える「カラーチェンジ効果」が特徴の宝石。太陽光の下、蛍光灯の下ではブルーやグリーンに、白熱灯や炎の光の下では紫がかった茶色っぽい色に変化します。右下写真のように、劇的に色が変化するため「アレキサンドライト効果」と呼ばれることも。見る角度を変えると違った色に見える「多色性」も持ち合わせています。クリソベリル（P.174）の変種ですが、産出量が極端に少ない石。パパラチアサファイア（P.079）、パライバトルマリン（P.101）と並ぶ、世界三大希少石のひとつです。

名前の由来はロシアの皇太子

1830年に発見された際、屋外と屋内で色が変わり大騒ぎとなり、特別な石としてロシア皇帝に献上されます。その日が皇太子アレキサンドル2世の誕生日だったため、アレキサンドライトの名がつきました。

分類	酸化鉱物
化学組成	Al_2BeO_4
結晶系	直方晶系
硬度	8.5
比重	3.68〜3.73
色	緑色／赤色
象徴	内面の成長
産地	メキシコ、オーストラリア、ボリビア、ブラジルほか

ブラジル産
アレキサンド
ライトの指輪。

どちらの写真も
同じ指輪だが、
自然光と蛍光灯で
こんなに色が変わる。

レッドスピネル
ブルースピネル

Red Spinel , Blue Spinel

尖晶石
<small>せん　しょう　せき</small>

鉱物名
スピネル

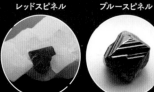

レッドスピネル　　ブルースピネル

【 Rough stone 】

石の特徴

赤や青、黄色、緑、オレンジ、ピンクなど、カラーバリエーションが豊富な宝石。特に写真のような赤や青のものが人気です。かつて、レッドスピネルはルビー（P.074）の一種に、 ブルースピネルはサファイア（P.077）の一種に間違われていました。それほどに美しく、硬度が高くて耐久性があるため、宝飾品向けの宝石だといえるでしょう。近年人気が上昇しており、大きなものが少ないため、高品質のスピネルはルビーより高い価格で取引されることがあります。

どうやってできたか

マグマが石灰岩の中に入り込み、熱に触れた部分が再結晶し、大理石に変化します。その際に、石灰岩の中に含まれていたアルミニウムやマグネシウムが新たに組み合わさり、スピネルとなります。

分類	酸化鉱物
化学組成	$MgAl_2O_4$
結晶系	等軸晶系
硬度	7.5～8
比重	3.58～4.12
へき開	なし
色	赤色／ピンク色／赤紫色／青色／褐緑色／紫色／橙色／黄色／褐色／無色
象徴	努力／発展
産地	スリランカ、ミャンマー、ベトナム、ほか

レッドスピネルは、
ルビーより明るく
透明感のある赤色をしている。

スピネルのジュエリー

コバルトスピネル

約5.317ctのベトナム産コバルトスピネル
（ブルースピネル）のリング。

レッドスピネル

レッドスピネルをダイヤで囲った華やか
なリング。

レッドスピネル

レッドスピネルを敷き詰めたデザインが
美しいリング。

ピンクスピネル

ピンクスピネルといわれる色みの、ミャン
マー産スピネルのリング。約1.1ct。

ダイアスポア

Diaspore

ダイアスポア石

鉱物名
ダイアスポア

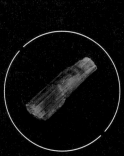

【 Rough stone 】

石の特徴

熱や圧力で岩石が変性した「変成岩」の中で生まれる石。形状は、柱状、薄い板状、塊状、針状、粒子状などさまざまですが、写真のように、結晶には多数の条線が見られます。色は、無色、グレー、ピンク、薄紫、黄色、グリーンなどがありますが、見る角度により色が変わる「多色性」や、光の種類で色が変わる「カラーチェンジ効果」をもつものもあります。衝撃で割れることがあるため身につける際は注意しましょう。

ズルタナイトとは同じ石

「ズルタナイト」という高価な宝石がありますが、実はダイアスポアと同じ石。トルコのアナトリア山脈という1カ所で採れる高品質のものにつけられた商標です。そのため、本物のズルタナイトは非常に高価で、宝飾品に使われるものは数十万円の値がつくことも珍しくありません。

分類	酸化鉱物
化学組成	AlO(OH)
結晶系	直方晶系
硬度	6.5〜7
比重	3.2〜3.5
色	黄色／帯緑黄色／黄緑色／帯褐緑色／緑褐色／褐色／灰色／黒灰色／無色
象徴	悪霊からの回避／霊感を高める
産地	トルコ、ブラジル、スリランカ、インドほか

リリーダイヤを
あしらった
ダイアスポアの
ペンダントトップ。

ジンカイト
Zincite

紅亜鉛鉱
<ruby>紅<rt>べに</rt></ruby><ruby>亜<rt>あ</rt></ruby><ruby>鉛<rt>えん</rt></ruby><ruby>鉱<rt>こう</rt></ruby>

鉱物名
ジンカイト

鉱山閉鎖により希少な鉱物に。
市場には合成のジンカイトが多い

工場の煙突に亜鉛の化合物が結晶して生まれることがあるため、"煙突産"が流通することもある、一風変わった石。主要な鉱山が閉山したため天然物は希少ですが、"煙突産"のように人工的な環境でつくることができるため、それらが多く流通しています。写真のような鮮やかなオレンジ色が魅力ですが、硬度が低いので、取り扱いには注意が必要です。

分類	酸化鉱物
化学組成	ZnO
結晶系	六方晶系
硬度	4〜4.5
比重	5.68
色	暗赤色／褐赤色／橙色／黄色(ごくまれに無色)
象徴	
産地	アメリカ、ポーランド、ナミビア、スペイン、オーストラリア

ゲーサイト
Goethite

針鉄鉱
<ruby>針<rt>しん</rt></ruby><ruby>鉄<rt>てっ</rt></ruby><ruby>鉱<rt>こう</rt></ruby>

鉱物名
針鉄鉱

水晶のインクルージョンとして
針状の結晶としてよく見られる

左写真は、ゲーサイトのほか、複数の鉱物が集まったもの。鉄の水酸化物で、"自然のサビ"といえる石。そのため、単体で宝飾品に利用されることはほとんどありません。ゲーサイトの赤い針状の結晶を内包したクオーツ「ストロベリークオーツ」のように、ほかの石のインクルージョンとしても多く見られ、それらは宝飾品に利用されることがあります。

分類	酸化鉱物
化学組成	FeO(OH)
結晶系	直方晶系
硬度	2.5〜3
比重	10.5
色	褐色
象徴	-
産地	世界各地

ストロベリークオーツ

ヘマタイト

Hematite

赤鉄鉱
<ruby>赤<rt>せき</rt></ruby><ruby>鉄<rt>てっ</rt></ruby><ruby>鉱<rt>こう</rt></ruby>

鉱物名

ヘマタイト

【 Rough stone 】

石の特徴

自然に産出する、酸化した鉄。黒っぽい金属光沢を生かして、ビーズに加工されたものが多く流通しています。ブレスレットなどによく利用されていますが、基本的な性質は鉄そのもの。水や塩分がついたまま放置するとさびてしまうので注意しましょう。

どうやってできたか

ヘマタイトが生まれる過程は複数知られています。1つ目は、水中の鉄分がバクテリアの作用で沈殿形成されたもの。2つ目は、岩石とマグマの接触で形成されたもの。3つ目は、熱水脈や火山ガスから成長したもので、板状の結晶で産出。写真の原石がこれに該当します。薔薇の花のように見える結晶で、「アイアンローズ」の別名で流通することも。見た目の美しさから、コレクターにも人気があります。

分類	酸化鉱物
化学組成	Fe_2O_3
結晶系	三方晶系
硬度	5〜6.5
比重	4.95〜5.26
色	鋼灰黒色／灰黒色
象徴	-
産地	イギリス、イタリア（エルバ島）、ブラジル、オーストラリア、インド、メキシコほか

Memo

すりつぶすと赤くなることから、古くは「ブラッドストーン（血石）」と呼ばれ、顔料にも利用されました。

キュープライト

Cuprite

赤銅鉱
せき どう こう

鉱物名
赤銅鉱

深みのある赤色が美しい鉱物

独特の洋紅色を示す、銅を90%近く含む酸化鉱物。光を強く反射しますが、写真に見られる美しい色合いは、空気中で長く光にさらされると表面から次第に黒変してしまいます。ファセットを刻むと明るく輝き、ガーネットのような美しい赤色を示すため人気があります。

分類	酸化鉱物		
化学組成	Cu_2O		
結晶系	等軸晶系		
硬度	3.5〜4	比重	5.85〜6.15
色	赤色／橙赤色／紫赤色／黒色		
象徴	情熱／勇気／愛		
産地	コンゴ民主共和国、ナミビア、アメリカ、メキシコ、オーストラリア、ボリビア、チリ、ルーマニア、フランス、ドイツ、イギリス、ロシア、日本ほか		

Memo

現在流通しているものの中には、銅を混ぜることで赤みを強くしているものもあります。

Mini Column **03** ▶ 蛍光する新しい岩石

ユーパライト

2017年、アメリカ・ミシガン州のスペリオル湖で発見された新しい岩石。ブラックライトを当てると、オレンジ色に蛍光します。この岩石に含まれる主な鉱物は花崗岩や火成岩ですが、蛍光に光る部分には「ソーダライト」が含まれています。学術的には「蛍光性方ソーダ石含有閃長岩クラスト」と名づけられました。近年、中国で多く見つかり、入手しやすくなりました。

ターコイズ

Turquoise

トルコ石(いし)

鉱物名

ターコイズ

【 アメリカ産 】

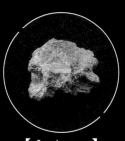

【 Rough stone 】

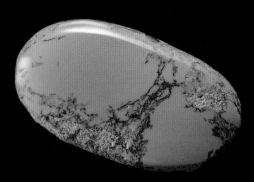

【 イラン産 】

石の特徴

写真のように、まるで空を想像させる明るいブルーの色みから、「天空の宝石(スカイストーン)」と呼ばれ、6000年以上の昔から装飾品などとして人々に親しまれてきました。「トルコ石」という愛称でも知られていますが、これはアジアで産出されたターコイズがトルコを通じてヨーロッパに運ばれたため。鉄を多く含むと緑色の強いトルコ石になります。

どうやってできたか

イラン、エジプト、アメリカ南西部の砂漠地帯やチベットで産出します。乾燥地帯のわずかな雨水や地下水に、鉱床や化石から銅とリンが染み込み、そこにアルミニウムが混ざります。地表に近く温度が100℃以下の環境でじっくり微結晶の塊をつくることで、トルコ石となります。

分類	リン酸塩鉱物
化学組成	$CuAl_6(PO_4)_4(OH)_8 \cdot 4H_2O$
結晶系	三斜晶系
硬度	5～6
比重	2.40～2.85
色	空青色／青色／帯緑青色／青緑色／帯黄緑色
象徴	厄除け／成功／的中／成功の保証
産地	イラン、アメリカ(アリゾナ州、ネバダ州、コロラド州、ニューメキシコ州)、エジプト(シナイ半島)、中国、メキシコ、ブラジル、オーストラリア、ロシア、イギリス

Memo

鮮やかなブルーから、アクセサリーとしての人気が高く、アメリカやイギリスでは12月の誕生石としても愛されています。

ターコイズのジュエリー

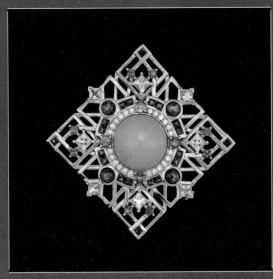

上／ターコイズをメインに、ダイヤモンドなどをあしらったブローチ。
下／ターコイズとラピスラズリを組み合わせたリング。

バリサイト

Variscite

バリシア石

鉱物名
バリサイト

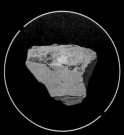

【 Rough stone 】

石の特徴

本来は無色の鉱物ですが、鉄イオンにより、青から写真のような緑がかった色になります。また、クロムイオンが多く含まれることで、より鮮やかな緑を見せることも。ほとんどがゴツゴツとした塊で産出され、きれいな結晶の形を見せないなど、トルコ石と似た特徴を持ちます。アメリカのユタ州で産出されるバリサイトは、「ユタ・トルコ石（ユタライト）」という特別な名前で呼ばれることもあります。

どうやってできたか

トルコ石と同じく、地下の浅い場所に形成されることが多く、不定形の塊状や脈状、皮殻状、丸い塊状で産出されます。多孔質でそのままでは手の脂によって変色したり、色あせたりする可能性があるので、宝飾用に使用する場合は、合成樹脂などで強化をしてから加工されます。

分類	リン酸塩鉱物
化学組成	$Al[PO_4] \cdot 2H_2O$
結晶系	直方晶系
硬度	3.5〜4.5
比重	2.20〜2.57
色	緑色（濃淡）／帯黄緑色／青緑色／白色／灰色
象徴	自信、心の豊かさ
産地	アメリカ（ユタ州）、オーストラリア、ドイツ、オーストリア、ブラジル、チェコ、スペイン

Memo

模様が少なく透明度が高い方が価値も上がります。多孔質であるため、水や汚れに触れたままにすると劣化してしまうので、こまめな手入れが必要です。

ビビアナイト
Vivianite

藍鉄鉱
<small>らん てっ こう</small>

鉱物名
ビビアナイト

世界中で親しまれる紺青の石

鉄とリン酸塩の結合した鉱物で、世界中で広く産出されます。鉱床の中にあるときはほとんど色がありませんが、空気に触れると徐々に青黒く色づいていきます。かつてヨーロッパのジュエリー界の一部を支えた宝石として親しまれ、「紺青」の顔料としても使用されていました。写真は、マンモスの牙に含まれるリン酸塩がビビアナイトに変化したもの。

分類	リン酸塩鉱物		
化学組成	$Fe^{2+}_3[PO_4]_2 \cdot 8H_2O$		
結晶系	単斜晶系		
硬度	1.5～2	比重	2.64～2.68
色	青黒色／青緑色／暗緑色／暗紫色		
象徴	-		
産地	オーストラリア、ボリビア、ドイツ、カメルーン、イタリア、コソボ、ルーマニア、ロシア、日本		

Memo
ボリビアのスズの鉱山で産出されたビビアナイトが、最も品質が高いといわれています。

ラズライト
Lazulite

天藍石
<small>てん らん せき</small>

鉱物名
ラズライト

ラピスラズリと似た名前の青い鉱物

ラピスラズリ（P.158）の別名でもあるラズライト（Lazurite）とは名前は似ているが別物。写真のような青色が特徴ですが、質の良いものはまれにしか産出しません。ラピスラズリやアジュライトの結晶とは異なり、結晶の中に白色とのまだらになるものが多いのも特徴です。

分類	リン酸塩鉱物		
化学組成	$MgAl_2[OH|PO_4]_2$		
結晶系	単斜晶系		
硬度	5～6	比重	3.08～3.38
色	青色／淡青色／濃青色／まれに白色		
象徴			
産地	アメリカ、インド、カナダ、ブラジル、ボリビア、アンゴラ、マダガスカル、スウェーデン、オーストリア、スイス		

Memo
ライトなど強い光で照らすと、光が透過して美しい色合いを楽しむことができます。

アパタイト

Apatite

燐灰石
<small>りん かい せき</small>

鉱物名
アパタイト

【 Rough stone 】

石の特徴

歯科治療でも用いられるアパタイト。写真のように、結晶やルースでは美しい外観を持ったものもあります。多くの形状や産出状態があるため、他の鉱物と間違えることが多いことから「apate（ごまかす）」というギリシャ語からその名がつきました。一般的に産出されるアパタイトは「フッ素燐灰石」に分類されます。フッ素の代わりに塩素、炭酸基、水酸基を含むものもあり、特に「水酸燐灰石（すいさんりんかいせき）」は微細な結晶が集合して、哺乳類の骨や歯などの硬組織にもなっています。

スペイン産の黄緑色のものが希少

さまざまな岩石に含まれる最もポピュラーな鉱物の一種です。スペインのラ・リオハ州のナバフン鉱山で採掘される黄緑色のアパタイトは、最も希少価値があるといわれています。

分類	リン酸塩鉱物
化学組成	(Ca,Ba,Pb,Sr,et9.) 5 (PO$_4$,CO$_3$)$_3$ (F,Cl,OH)
結晶系	六方晶系
硬度	5
比重	3.10〜3.35
色	黄色／緑色／青色／紫色／無色／灰色／ピンク色／褐色／黒色
象徴	-
産地	メキシコ、カナダ、ブラジル、インド、マダガスカル、モザンビーク、タンザニア、スペイン、ミャンマー、スリランカ、チェコ、ポルトガル、アフガニスタン

約5ctのアパタイトの指輪。
ネオンカラーのような水色が美しい。

シーライト

Scheelite

かいじゅうせき
灰重石

鉱物名

シーライト

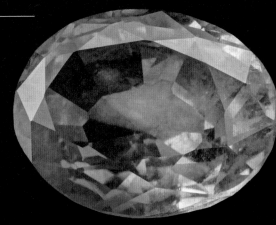

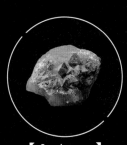

【 Rough stone 】

石の特徴

カルシウムのタングステン酸塩鉱物であるシーライト。写真に見られる明るい色のイメージとは正反対に、実はかなり重いのが特徴。短波長紫外線を当てると、青白く蛍光します。日本にはシーライトの鉱山が多く、特に京都の大谷鉱山は、世界的に有数なタングステン鉱山として知られていました。白熱電球のほか鉄鋼にタングステンを添加した「タングステン鋼」として使用され、重宝されてきた歴史があります。

どうやってできたか

地下深くの高温域でできます。縦長の8面体の両錐形の結晶となることが多く、2つの結晶が交差した双晶を形成することも。塊状でも産出し、高温の熱水域のものは石英（クオーツ、P.104）の鉱脈の中に形成されていて、ほかの鉱物とともに産出します。

分類	タングステン酸塩鉱物
化学組成	$CaWO_4$
結晶系	正方晶系
硬度	4.5～5
比重	5.90～6.10
色	無色／白色／灰色／黄色／褐色／橙色／帯緑色／帯紫灰色
象徴	-
産地	アメリカ、メキシコ、ブラジル、チェコ、タンザニア、ルワンダ、韓国、ドイツ、スイス、イタリア、スウェーデン、オーストリア、イギリス、フィンランド、アフガニスタン、中国、日本

Memo

一方向に明瞭なへき開性があるため、特定方向からの衝撃に弱いのが特徴です。そのため、普段使いの装飾品には向きません。

シナバー

Cinnabar

辰砂
<ruby>辰<rt>しん</rt></ruby><ruby>砂<rt>しゃ</rt></ruby>

鉱物名

シナバー

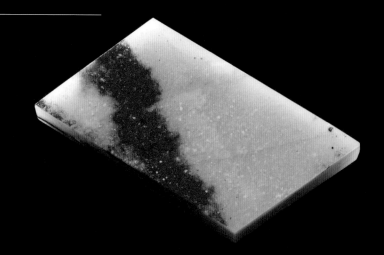

石の特徴

写真の鮮やかな赤色の部分がシナバーです。空気にさらされても変色しないことから、日本でも顔料などに使用されてきました。最大の鉱床が現在の中国湖南省や貴州省にあり、シナバーからつくられた朱を「丹（に／たん）」といいます。古代中国やインドでは、不老長寿の霊薬と考えられており、この鉱物をもとにした錬丹術が発達。今でも"賢者の石"として漢方の世界で使用されることもあるようですが、有毒です。

どうやってできたか

熱水により変質した火成岩や変成マンガン鉱床に産出され、温泉の沈殿物としても構成されます。シナバー自体が結晶となることはあまりありません。400～600℃で加熱すると、水銀蒸気と亜硫酸ガス（二酸化硫黄）を生じ、その蒸気を冷却すると水銀が得られるほか、アマルガムという合金のもとにもなります。

分類	硫化鉱物
化学組成	HgS
結晶系	六方晶系（三方晶系）
硬度	2～2.5
比重	8.09
色	鮮赤色／朱赤色／褐赤色／褐色／黒色／灰色
象徴	-
産地	中国、日本、アメリカ、メキシコ、スペイン、イタリア、チリ、ペルー、ドイツ、ロシア、セルビア、スロベニア

Memo

水銀を含んでいるため、人体に悪影響を与える可能性があり、直接手を触れない方がよいでしょう。陶芸で使われる辰砂釉は名前が似ているだけの別物です。

パイライト

Pyrite

<ruby>黄<rt>おう</rt></ruby><ruby>鉄<rt>てっ</rt></ruby><ruby>鉱<rt>こう</rt></ruby>

鉱物名
パイライト

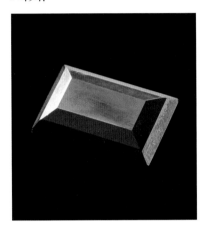

火打ち石として使われることもある
メジャーな鉱物

ギリシャ語の「火」を意味する「pyr」に由来し、火打ち石（＝pyrites）を経て現在の名前になりました。硫化鉱物の中では最も一般的に産出される鉱物で、結晶の表面には特徴的な条線が見られ、飾って眺めるだけでも楽しめます。鉄分が多く、汗でさびる可能性もあるので注意。下写真のように、まるで人工物のようなキューブ状の結晶の原石も多く流通しています。

分類	硫化鉱物
化学組成	FeS_2
結晶系	等軸晶系
硬度	6〜6.5
比重	4.95〜5.10
色	黄金色
象徴	危機からの回避、意識の高揚
産地	世界各国、標本としてよく知られたものは、ペルー、スペイン、イタリア

【 Rough stone 】

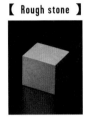

マーカサイト

Marcasite

<ruby>白<rt>はく</rt></ruby><ruby>鉄<rt>てっ</rt></ruby><ruby>鉱<rt>こう</rt></ruby>

鉱物名
マーカサイト

パイライトによく似た
白い鉱物

パイライト（上段）とは"同質異形"の関係にある鉱物で、どちらも硫黄と鉄分が結びつくことで生成される双子のような鉱物です。写真の通り、パイライトよりも淡い色をしていますが、年月の経過とともに空気中の水分と反応して黒ずんでくることもあります。パイライトと異なり、2方向のへき開を持っています。

分類	硫化鉱物
化学組成	FeS_2
結晶系	直方晶系
硬度	6
比重	4.90〜5.05
色	黄金色
象徴	-
産地	世界各国、標本としてよく知られたものは、ペルー、スペイン、イタリア

Memo

水分と反応し、硫酸を発生させるので、乾燥剤を入れた密閉容器に単独で入れておくのがよいです。

スファレライト

Sphalerite

閃亜鉛鉱

鉱物名

スファレライト

石の特徴

最大で67％も亜鉛を含んでいる鉱物です。スファレライト内の亜鉛は1/4まで鉄分に置き換わり、鉄が多くなるにつれて写真のような黄色から褐色、そして黒色に変化します。一緒に採掘されることの多い方鉛鉱という鉱物と勘違いされていたことから、亜鉛に欺かれたという意味の「ジンクブレンド」と呼ばれるようにもなりました。

どうやってできたか

接触変成帯、熱水鉱脈鉱床、高温（575℃以上）で生成した交代鉱床で産出され、特にスカルン鉱床からは鉄の多いものが採れます。太陽電池にも使われているカルコパイライトや、金と間違えられることもあるパイライトを伴って採掘されることが多い鉱物です。グリーンのものは希少価値が高いといわれています。

分類	硫化鉱物
化学組成	ZnS
結晶系	等軸晶系
硬度	3.4～4
比重	3.90～4.10
色	黒色／褐色／橙色／黄色／橙赤色／緑色／灰色／白色／無色不透明
象徴	調和／幻惑
産地	スペイン、メキシコ、アメリカ、日本、カナダ、ナミビア、イギリス、フランス、スウェーデン、アフガニスタン、ドイツ、ルーマニア、ユーゴスラビア、オーストラリア、中国

ペンダントトップはスペインのピコス・デ・エウロパ鉱山産。

さまざまな宝石のジュエリー

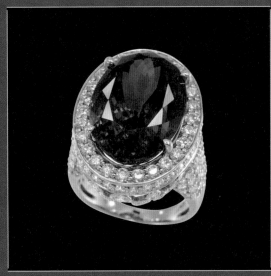

上／23ctもある大粒のタンザナイトをふんだんなダイヤで囲ったリング。正面から見ると濃いブルーだが、見る角度を変えると水色っぽいブルー、紫っぽいブルーなどに変化する不思議な宝石。下／遊色効果によるレッド、オレンジ、ブルー、グリーン、パープルといった多色の揺らめく輝きが美しいブラックオパールのリング。

スミソナイト

Smithsonite

菱亜鉛鉱
りょう あ えん こう

鉱物名
スミソナイト

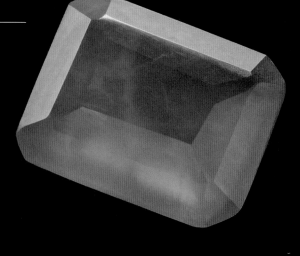

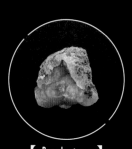

【 Rough stone 】

石の特徴

本来は無色から白色ですが、コバルトが含まれると写真のようなピンク色に、銅の場合は青や緑がかった色、カドミウムでは黄色、と混入する金属イオンによって色が変わります。どれも柔らかい色で、青緑色が最も珍重されています。独特の色合いと形状から、宝石の収集家の人気も高い鉱物です。また、江戸時代の日本では、粉末状にしたものを水に溶いて結膜炎の治療に使っていました。

どうやってできたか

亜鉛鉱床の酸化帯や、そこに隣接している炭酸塩の岩石中で閃亜鉛鉱（スファレライト）が分解されてできる二次的な鉱物です。その成り立ちから、被膜状、ぶどうの房状となってよく産出されます。ヘミモルファイト（P.169）と入り混じるように産出され、肉眼で区別するのは難しくなっています。

分類	炭酸塩鉱物
化学組成	Zn[CO 3]
結晶系	六方晶系（三方晶系）
硬度	4～4.5
比重	3.98～4.43
色	無色／白色／ピンク色／青緑色／淡青色／黄色
象徴	好感／良識／信頼
産地	ギリシャ、メキシコ、オーストラリア、ナミビア、スペイン、イギリス、フランス、アメリカ、イタリア

Memo

硬度は低いものの、化学薬品への耐性があるので、アクセサリーにも向いています。ニューメキシコ州で採掘されるスミソナイトは、特に色がきれいです。

マラカイト
Malachite

孔雀石
（く じゃくいし）

鉱物名
マラカイト

顔料や魔除けに使われた
神秘的な鉱物

銅が酸化してできるサビが緑色に発色し、複雑な模様を生み出している石。写真に見られるような、同心状の円紋を瞳に見立てて、邪悪なものを追い払える魔除けと信じられていました。またクレオパトラがアイシャドウに使っていたなど、エピソードにも事欠かない鉱物です。

【 Rough stone 】

分類	炭酸塩鉱物
化学組成	$Cu_2(CO_3)(OH)_2$
結晶系	単斜晶系
硬度	3.5〜4.5
比重	3.60〜4.05
色	（濃淡）緑色
象徴	子の保護／魔と病いの退散
産地	コンゴ民主共和国、ナミビア、ロシア、アメリカ、メキシコ、ザンビア、中国ほか

アズライト
Azurite

藍銅鉱
（らん どう こう）

鉱物名
アズライト

世界の画家に愛された
深い青色

写真のような深い青色が特徴的な鉱物。古くから絵の具や顔料として用いられ、世界中の画家に使用されました。柱状、板状などの結晶で産出されます。マラカイトとはイオンの比率が違うだけで構造成分が似ており、水が加わり炭酸が抜けるとグリーンのマラカイトに変化します。

分類	炭酸塩鉱物
化学組成	$Cu_3(CO_3)_2OH_2$
結晶系	単斜晶系
硬度	3.5〜4
比重	3.77〜3.89
色	藍青色／時に淡青色
象徴	洞察力
産地	アメリカ（アリゾナ州、ユタ州、ニューメキシコ州）、ナミビア、メキシコ、フランス、オーストラリア、イタリア、ロシア、ギリシャ、モロッコ、中国ほか

Memo

中世の画家の間では、ラピスラズリの代わりに、安価な顔料としても使用されていました。

ロードクロサイト
Rhodochrosite

菱マンガン鉱
りょう　　　　　こう

鉱物名
ロードクロサイト

美しい花模様が現れる石

第二次世界大戦が始まる直前に再発見された、比較的歴史の浅い鉱物。写真のように輪切りにするとカーネーションの花のような模様が現れ、層状の原石を研磨するとバラの花のような模様が現れるため、宝飾用として人気です。上質なものは「インカローズ」とも呼ばれます。

分類	炭酸塩鉱物
化学組成	Mn[CO₃]
結晶系	六方晶系
硬度	3.5〜4
比重	3.40〜3.72
色	（濃淡）ピンク色／帯橙ピンク赤色／褐色／帯灰黄褐色
象徴	清浄
産地	アルゼンチン、アメリカ（コロラド州）、南アフリカ、メキシコ、オーストラリア、ルーマニア、ハンガリー、インドほか

【 Rough stone 】

カルサイト
Calcite

方解石
ほう　かい　せき

鉱物名
カルサイト

大理石を形成する美しい石

結晶を通して文字を見ると、2つにずれて見えることで有名な石。この光の屈折現象から偏光顕微鏡が発明され、岩石学は大きな進歩を遂げました。結晶は美しいですが、多くの場合は石灰岩や大理石の主要構成鉱物として塊状で産出され、建材・石材として用いられます。

分類	炭酸塩鉱物
化学組成	CaCO₃
結晶系	六方晶系（三方晶系）
硬度	3
比重	2.7102
色	無色／白色／灰色／黄色／橙色／ピンク色／緑色／青色／帯赤ピンク色
象徴	繁栄／希望／成功
産地	アイスランド、メキシコ、アメリカ、スペイン

Memo

屈折現象を利用すると、太陽の方角を調べられることから、大航海時代に「太陽の石」と呼ばれていた石のひとつだと考えられています。

アラゴナイト

Aragonite

あられいし
霰石

鉱物名
アラゴナイト

【 Rough stone 】

石の特徴

カルサイト（P.194）と同質異形の鉱物。スペインのアルゴンで発見されたことから命名されました。和名の霰石とは、元々カルサイトやオパール（P.122）をアラゴナイトだと勘違いして名づけられたものです。しかしそれらが別物だとわかった今でも、そのまま使われています。とても軟らかくもろいため、加工には細心の注意を払う必要があります。

どうやってできたか

地表近くの低温（200℃以下）で生成され、鉱床の酸化帯、温泉や鍾乳洞からも産出されます。化学的な性質上、カルサイトの方が安定しているため、アラゴナイトとして結晶したものが、後にカルサイトに変化することがしばしばあります。アラゴナイトは、貝殻や真珠など、生物によってもつくられますが、時間が経つとカルサイトに変化します。

分類	炭酸塩鉱物
化学組成	$Ca[CO_3]$
結晶系	直方晶系
硬度	3.5〜4
比重	2.93〜2.95
色	無色／白色／黄色／淡紫色／淡青色／灰色／緑色／褐色
象徴	能力の向上／集中力の向上
産地	スペイン、オーストラリア、イギリス、メキシコ、チェコ、ナミビア、イタリア、ペルー、チリ、アメリカ、台湾

Memo

写真のような、個性的な形をした原石が多く、品質の高いものはガラスのような見た目とミルキーカラーが特徴です。

セレナイト

Selenite

透石膏

鉱物名
セレナイト

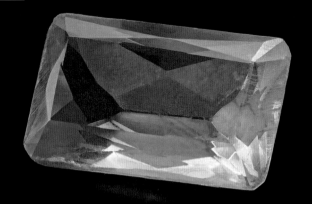

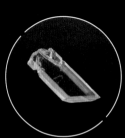

【 Rough stone 】

石の特徴

デッサンで使う石膏像や、骨折した時に使うギプスとしてよく知られている鉱物。結晶の状態では写真のような透き通った見た目をしています。300℃に加熱すると粉末になり、さらに水を加えると発熱して固まります。メキシコ・ナイカのクリスタルの洞窟では、長さ11mを超える剣状のセレナイトの結晶が産出され、地球上で最も見応えのある鉱床ともいわれています。

どうやってできたか

海水の蒸発によって生成された広大な鉱床で産出されることが多いです。また、火山の噴気孔の周辺にも形成されます。写真のような透明な単結晶をセレナイトと呼びますが、同じ透石膏でも、異なる外観を持つものは別の名がついています。繊維状の集合体は「サティンスパー」、大理石を思わせる細かな結晶の集合体は「アラバスター」と呼びます。

分類	硫酸塩鉱物
化学組成	$Ca[SO_4] \cdot 2H_2O$
結晶系	単斜晶系
硬度	2
比重	2.30〜2.33
色	無色／白色／褐色／（淡）黄色
象徴	豊穣の大地への導き
産地	オーストラリア、メキシコ、ペルー、スイス、イタリア、カナダ、アメリカ、イギリス、ドイツ、ロシア

バライト

Barite、Baryte

重晶石
_{じゅうしょうせき}

鉱物名
バライト

大きな結晶をつくる
代表的なバリウム鉱物

重元素であるバリウムを主成分とし、サイズの大きい明瞭な結晶で産出することが多いため、ギリシャ語で重いという意味の「barys」から名づけられました。特に、蒸発岩中で薄板状の結晶が同心平坦状に集合してできた「砂漠の薔薇」（右下写真）が有名です。

分類	硫酸塩鉱物
化学組成	BaSO₄
結晶系	直方晶系
硬度	3〜3.5
比重	4.48〜4.5
色	白色／灰白色／帯黄色／青色／緑色／帯赤色／褐色
象徴	-
産地	ドイツ、中国、イギリス、カナダ、アメリカ、トルコ、フランス、メキシコ、日本

砂漠の薔薇

セレスタイト

Celestite

天青石
_{てんせいせき}

鉱物名
セレスタイト

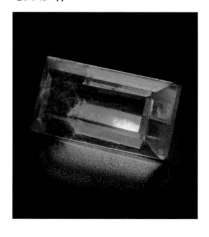

空の青さを閉じ込めたような
美しい鉱物

写真のような鮮やかな水色を、「Celestial（大空の色）」に見立て、名づけられた鉱物。バライト（上段）、アングレサイトと構造成分が似ており、それぞれが交じり合った状態で採掘されます。堆積岩のほか、蒸発岩や熱水鉱床からも産出されます。

分類	硫酸塩鉱物
化学組成	Sr[SO₄]
結晶系	直方晶系
硬度	3〜3.5
比重	10.5
色	青色／無色／白色／灰色／帯青緑色／黄色／橙色／赤橙色
象徴	清浄／博愛／休息
産地	イタリア、マダガスカル、メキシコ、アメリカ、ナミビア、カナダ、ドイツ、フランス、イギリス、オーストラリア、ポーランドほか

【 Rough stone 】

シンハライト

Sinhalite

シンハラ石

鉱物名

シンハライト

石の特徴

写真のような褐色の色合いから、長い間ブラウンペリドットと呼ばれる褐色のペリドット（P.139）だと思われていた石。アメリカ国立博物館が結晶の構造をX線分析し、新種の鉱物であると解明されました。数少ないホウ酸塩鉱物のひとつです。ただ、希少性は勘違いされていたブラウンペリドットの方が高いとされています。名前はスリランカの古名であるセイロンをサンスクリット語にした「Sinhala」に由来しています。

どうやってできたか

石灰岩のカルシウムの一部がマグネシウムに置き換わってできたといわれる岩、「苦灰岩（くかいがん）」から産出される鉱物のひとつです。小さな小石のような形で砂礫から発掘され、原石の形はペリドットによく似た短柱状です。宝石品質の採掘地はスリランカとミャンマー。

分類	ホウ酸塩鉱物
化学組成	MgAl[BO$_4$]
結晶系	直方晶系
硬度	6.5-7
比重	3.475-3.50
色	黄褐色／暗褐色／緑褐色
象徴	豊穣の大地への導き
産地	スリランカ、ミャンマー、ロシア、アメリカ、カナダ、タンザニア

Memo

角度を変えると見える色が変化する「多色性」をもちます。書かれた文字の上に置くと線が二重に見えるダブリングという特徴も持ちます。

ウレキサイト

Ulexite

曹灰硼石、ウレックス石

鉱物名
ウレキサイト

ホウ素を含み、
工業の分野で広く使用される鉱物

磨いた石を通して反対側の文字が読めることから、テレビ石という名前でも有名な鉱物。これは写真でも見える線状のウレキサイトの繊維が、ファイバー効果の働きをして光を伝えるために起こる現象です。お湯で簡単に溶けてしまうため、湿気の多い場所で保管すると分解してしまいます。製鋼や鋳造、肥料の製造などに広く使われています。

分類	ホウ酸塩鉱物
化学組成	$NaCaB_5O_9(OH)_6 \cdot 5H_2O$
結晶系	三斜晶系
硬度	2〜2.5
比重	1.65〜1.95
象徴	-
産地	アメリカ、アルゼンチン、ペルー、トルコ、チリ、ロシア、カナダ

【 Rough stone 】

ABCDE
aby pan da was
his is a dummy
English that I
p with on my
te baby panda

ライオライト

Rhyolite

流紋岩

鉱物名
ライオライト

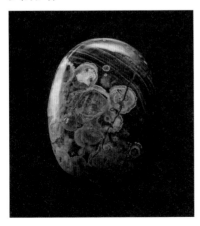

表面の紋様が美しい岩石

石英、カリ長石、斜長石、黒雲母、角閃石が集まってできた、火山岩に分類される岩石。地表近くのマグマが急速に冷却された場合に形成されます。和名は、マグマが流れた状態が木目のような模様に見えることから名づけられました。花紋や円紋は特に美しく、ひとつとして同じものはありません。

分類	火山岩	
化学組成	複数の鉱物からなる	
結晶系	岩石のためなし	
硬度	約5〜7	比重 約2.8〜3.1
色	各色	
象徴	未来の予言	
産地	アメリカ、メキシコ	

Memo

ユナカイトと似ていますが、写真に見られる赤い部分がはっきりしているものがライオライトです。

オブシディアン
Obsidian

黒曜石
<ruby>黒<rt>こく</rt></ruby><ruby>曜<rt>よう</rt></ruby><ruby>石<rt>せき</rt></ruby>

鉱物名
オブシディアン

写真は「スノーフレークオブシディアン」

古くから道具として活用されてきた岩石

石器時代からナイフや矢尻として使用されてきた石。古代のギリシャ人は鏡として使用していたようです。正体は天然のガラスで、本来ならば流紋岩などになるはずが火山活動などで地表に噴出し、瞬時に冷えて固まったもの。写真のように白い斑紋が入るものは、模様を雪になぞらえて「スノーフレークオブシディアン」と呼ばれます。衝撃に弱いので、ぶつけないように注意しましょう。

分類	火山岩
化学組成	SiO_2+CaO、Na、Kほか
結晶系	非晶質
硬度	5〜6
比重	2.339〜2.527
色	黒色／灰色／黒色地に赤褐色や褐色の流動模様／黒色地に白色や（まれに）褐色の斑紋状／褐緑色／緑色
象徴	心眼
産地	メキシコ、アメリカ（カリフォルニア州他）、アイスランド、タイほか

Memo

かつて日本では「烏石」や「漆石」と呼ばれていました。

マホガニーオブシディアン
Mahogany Obsidian

黒曜石
<ruby>黒<rt>こく</rt></ruby><ruby>曜<rt>よう</rt></ruby><ruby>石<rt>せき</rt></ruby>

鉱物名
オブシディアン

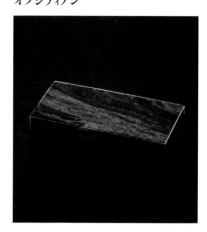

木の肌のような赤と黒の黒曜石

溶岩が固まってできるオブシディアン（上段）ですが、形成される過程で色が分かれていくことがあります。黒色の溶岩に酸化した鉄分が加わったものはマホガニーオブシディアンと呼ばれ、写真のように木材を思わせる風合いが特徴となっています。

分類	火山岩
化学組成	SiO_2+CaO、Na、Kほか
結晶系	非晶質
硬度	5〜6
比重	2.339〜2.527
色	黒色地に赤褐色や褐色の流動模様／黒色地に白色や褐色の斑紋状
象徴	心眼
産地	メキシコ、アメリカ（カリフォルニア州ほか）、アイスランド、タイほか

Memo

マホガニーとは、世界三大銘木に数えられる樹木、およびそれを加工した木材のことです。

モルダバイト

Moldavite

モルダウ石(せき)

鉱物名
テクタイト

多くの憶測を呼んだ
神秘的な石

隕石が地球に衝突すると、衝突地点付近のガラス成分が溶け、再度冷えて固まることがあります。そうしたもののうち、チェコのモルダウ川で発見されたものがモルダバイトです。特徴は写真に見られるような、黒っぽく落ち着いた緑色。産出量が限られており、価格が高騰しています。そのため、小さなモルダバイトを溶かして固めたものや、偽物（ただの緑色のガラス）も多く流通。不規則な模様や気泡があれば天然ものだとわかりますが、見分けるのは困難です。

分類	天然ガラス
化学組成	SiO_2が主体
結晶系	非晶質
硬度	5〜6
比重	2.21〜2.96
色	緑色／帯黒緑色
象徴	生命力と調和力
産地	チェコ

Memo

隕石の衝突で生まれたガラス全般は、「インパクトガラス」や「テクタイト」と呼ばれます。

メテオライト

Meteorite

隕石(いんせき)

鉱物名
メテオライト

地球の外からやってくる
はるか昔の石

隕石には「鉄質」「石質」「石鉄質」の3つの分類があり、それらを総称してメテオライトと呼びます。地球に落下する隕石は年間約2万個もありますが、3分の2は海に落下し、見つけることができないといわれています。写真は時計の文字盤。このように断面に美しい模様が入るものは、宝飾品にも利用されています。

分類	-
化学組成	構成要素による
結晶系	-
硬度	-
比重	-
色	褐色／灰黒色／黒色（内部は明るい灰色か褐色）
象徴	病魔の撲滅／天空からの暗示
産地	オーストラリア、アメリカ、メキシコ、中国、ロシア、南極大陸

Memo

鉄質隕石は、切断すると断面が急速に錆びていくのが特徴です。断面の模様を生かした加工品は、サビ止めのコーティングが施されています。

フローライト

Fluorite

蛍石
（ほたる いし）

鉱物名
フローライト

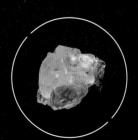

【 Rough stone 】

石の特徴

フローライトの和名である蛍石とは、この鉱物が熱による刺激を受けると発光しながら弾け飛ぶ様子から命名されました。また、ヨーロッパでは古くから金属を精製する際に使用していて、他の鉱物の中から金属を溶かし出す働きから、「溶けて流れる」という意味の英名がついています。フローライトにはさまざまな色が入り交じった縞状の塊として産出されるものもあり、その色合いの美しさから、鉱物標本として特に人気がある鉱物として知られています。

どうやってできたか

世界中の広い範囲で産出されます。サイコロのような6面体の結晶が多く、8面体のものは産出される頻度が少ないとされています。この2つの混合した形で結晶することも多くあります。

分類	ハロゲン化鉱物
化学組成	CaF$_2$
結晶系	等軸晶系
硬度	4
比重	3.18（塊状の原石では3.00〜3.25）
色	無色／緑色（濃淡）／紫色／青色（濃淡）／黄色／ピンク色／橙色／褐色／白色
象徴	内気／小さな希望
産地	アメリカ（イリノイ州、アメリカ ニューハンプシャー州、アメリカ ミズーリ州）、イギリス、カナダ、チェコ、スペイン、イタリア、アルゼンチン、ドイツ、ポーランド、スイス、ナミビア、ノルウェー、中国、日本ほか

複数の色が混ざった
フローライトのピアス。

鉱物のさまざまな効果

結晶の状態やインクルージョン（内包物）などにより、
さまざまな光彩効果を持つ鉱物があります。主な4つを紹介します。

遊色効果

代表的な鉱物

オパール

さまざまな色の光がゆらめくように輝く効果。代表的なものはオパールです。オパールの場合、層状になった球体の隙間に光が乱反射すると表面にプリズムの効果が起き、見る角度により色の違いが出ます。球体の大きさで遊色効果の色合いが変わります。

多色性

代表的な鉱物

タンザナイト、アイオライト、アンダリュサイト

見る角度を変えると、違う色が見えるのが「多色性」。蛍光灯や自然光など、光源の種類とは関係なく起こります。結晶内部での光の進行速度や吸収に差が生じ、それぞれ違った色を見せます。青色のタンザナイトは、角度により紫色や無色に見えます。

変色性

代表的な鉱物

アレキサンドライト、ダイアスポア

自然光や蛍光灯、白熱灯など、光源によって違った色を見せるのが「変色性」。別名「カラーチェンジ効果」ともいいます。自然光では青く、白熱灯の下では赤紫系の色へと鮮やかに変わるアレキサンドライトは、「昼のエメラルド」「夜のルビー」などといわれることも。

蛍光・燐光（りんこう）

代表的な鉱物

フローライト、カルサイト

鉱物にブラックライトなどの紫外線を当てると、その光を吸収して、別の色を発するのが「蛍光」。光を吸収した鉱物の原子やイオンが、その物質固有の光を発するために起こる現象です。この光を消しても発光し続けるものを「燐光」といいます。

パール

Pearl

真珠 (しんじゅ)

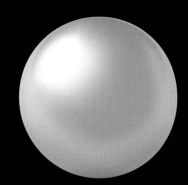

特徴

パール（真珠）は生物由来であるため、厳密な宝石の定義（P.022）からは外れますが、宝飾品に利用される機会が多いことから、宝石と同等に扱われます。写真は、パールの中でもポピュラーなアコヤ貝のもの。水温15℃以上の温かく静かな湾が産地となります。パールの大きさは2〜10mm、一般的には6〜7mmです。

どうやってできたか

貝殻に入った砂粒などの異物への防御反応でできます。「外套膜（がいとうまく）」の表面が剥がれ、分泌される真珠質が層をなして重なりパールが成長するのです。養殖真珠はこの性質を利用したもの。小さく切った外套膜と球形の「核」を生殖巣に埋め込み、1〜2年育てることで生み出されます。ミキモトパールの創業者・御木本幸吉をはじめとする研究者たちの努力で、養殖真珠は世界に誇る日本の輸出品となりました。

ポピュラーなパールの母貝「アコヤ貝」の殻。内側にキラキラと輝く真珠層が見られます。

イケチョウ貝

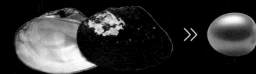

淡水真珠のポピュラーな母貝。日本では、滋賀県の琵琶湖や茨城県の霞ヶ浦が主な産地。中国でも養殖されています。ほぼ100%が真珠層でできている「無核真珠」、養殖用の核を含む「有核真珠」ともにあり、ピンクや紫など、白以外の真珠もつくられます。

クロチョウ貝

沖縄の石垣島や西表島で養殖されています。世界的にはタヒチが有名です。銀色の真珠となることが多いですが、赤褐色、緑褐色、黄褐色の色素を持つため、これらの色が混じることも。

シロチョウ貝

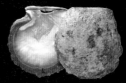

貝自体が大きいので、10mm以上の大きなサイズの真珠が採取できます。東南アジアやオーストラリアの海域で養殖されています。

アワビ

食用としてなじみ深いアワビも真珠の母貝。足筋で盛んに動き回るため、真円真珠はできにくく、半円真珠の養殖に利用されます。

コンクパール

カリブ海（バハマや西インド諸島）などに生息するコンク貝（ピンク貝）から採れる真珠。商業ベースにのるほど養殖は確立されていないので、ほとんどが希少な天然真珠です。

ミキモト真珠島の
アンティークジュエリー

ミキモト真珠島内にある国内唯一の真珠博物館より、
さまざまな真珠を用いたアンティークジュエリーのいくつかをご紹介。

**コンクパールの
野ばらのブローチ**

コンクパールでたくさんの蕾を表現した
野ばらのブローチ。花はピンクのエナメ
ル、葉はグリーンのプリカ・ジュールエ
ナメル（下地を使わず、枠の内側に色の
ついた透明なエナメルを流し込んで焼成
する手法）でつくられた作品。アメリカ・
マーカス社。1900年。

アメリカ産の大きな淡水真珠を白鳥の胴
体に見立てたブローチ。この大きさはま
れ。首はプラチナとダイヤモンド。目は
サファイア。唇と脚は金に黒のエナメル。
イギリス・ハンコック社製。1900年初頭。

**淡水真珠の
ブローチ**

帯留

花の丸を３つつないだ帯留。1934年（昭
和9年）のカタログ『真珠』にあった作品
を、平成５年に復刻したもの。円を３つ
つないだデザインで、左から、南天、山
ぶどう、ほうずき。真珠19個と2.14ctの
ダイヤモンドを使用。

ティアラ

直径14mmの異形の真珠を前面に置いたティアラ。植物、レース、格子の文様のデザインで構成され、全体に小粒のダイヤモンドが施されています。中央部分は取り外せてブローチとして使われていた模様。イギリスまたはフランスで製作されたもの。1907年頃。

**ミキモト
パールクラウン**

養殖真珠の誕生85周年を記念してつくられた王冠(1978年)。イギリス・ジョージ5世の戴冠式(1911年)のためにつくられた、メアリー女王のステートクラウンがモデル。872個の真珠と188個のダイヤモンドがあしらわれています。

先端の房飾りは、直径3mm程度のさまざまな色調の黒真珠でつくられています。クロチョウ貝やレインボー・マベ貝から多く採取されたもの。ダイヤモンドビーズとプラチナでつくられた鎖部分も繊細なデザイン。イギリス。1910年頃。

**黒真珠
タッセル・
ネックレス**

珊瑚
Coral

高知県沖の深海に生息する
血赤珊瑚は希少

宝石珊瑚は「サンゴ虫」という動物
の骨格です。プランクトンや微小な
浮遊物などを捕食しながら、ゆっく
りと成長します。浅瀬でサンゴ礁を
形成する造礁サンゴとは別の種類で、
海底100〜1200mの深海に生息。宝
石珊瑚が日本で発見されたのは、江
戸時代の終わり頃。高知県沖で採取
され、世界に輸出されました。今は
希少となり、最も価値が高いのが血
赤（赤珊瑚）。ほかに、桃色珊瑚、白
珊瑚などバリエーションが豊富で、
研磨すると美しい艶を発します。

左／赤珊瑚、中／白珊瑚、右／桃色珊瑚。
白〜紅色まで色幅が広く、白珊瑚だけでも薄
い桃色〜象牙色を帯びたものまで見られる。

べっ甲
Tortoise Shell

「海の宝石」とも呼ばれる
タイマイの甲羅

べっ甲は、ウミガメの一種である
「タイマイ」の背甲、腹甲、ツメな
どの薄い甲羅を何枚も重ねて加工し
たもの。発祥は6世紀頃の中国。唐
船により日本にも宝物のひとつとし
てべっ甲製品がもたらされます。べ
っ甲製品は水と熱と圧縮により甲羅
を接着する繊細な技術でつくられま
すが、この技術と材料が伝来したの
は江戸時代の長崎。そこから大阪、
江戸へと広がりました。ワシントン
条約により輸入禁止となってからは、
石垣島での養殖研究が進んでいます。

べっ甲は接着剤を使わず、何枚
もの薄い甲羅を熱で貼り合わせ
ていきます。最後はサンドペー
パーで磨き上げ、艶を出します。
甲羅の色や柄を合わせてつくる
ことで、さまざまな模様や色合
いが生まれます。

琥珀
<ruby>琥<rt>こ</rt></ruby><ruby>珀<rt>はく</rt></ruby>

Amber

数千万～数億年かけて
樹液が固まってできる宝石

樹木の樹液や樹脂が化石化したもの。古代の昆虫、葉、花、樹の皮などが入り込んだものも見られます。琥珀は数千万～数億年かかってできるもので、見つかっている世界最古の琥珀は3億年前のもの。日本での利用は旧石器時代からと考えられ、縄文時代には装飾品に加工されていたことが、関東・東北・北海道の遺跡出土品から判明しています。有力者の古墳から見つかる琥珀の勾玉、丸玉などは、岩手県久慈産のものが多く、日本の琥珀産業を代表する地域です。

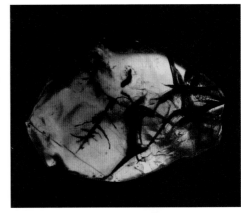

写真協力：久慈琥珀博物館

上／カボションカットを施した琥珀のリング。
下／ビーズ状に加工した琥珀を使ったブレスレット。
琥珀らしい優しい光沢や透明感を生かすため、こうしたなめらかなカットを施すのが一般的。

ジェット

Jet

モーニングジュエリーと
呼ばれる漆黒の宝石

約1億8000万年前のジュラ紀の樹木が化石化したもの。15世紀ごろから「モーニング・ジュエリー（喪服用の装身具）」として使われ始めます。18世紀、イギリスのヴィクトリア女王が夫の喪に服している間にジェットの装身具を着けていたことで大流行。日本の皇室でも正式なモーニング・ジュエリーとされています。ジェットの産業の中心はイギリス・ウェビーの鉱山。閉山され衰退しますが、1993年に中国で新たな鉱山が発見されています。

写真協力：久慈琥珀博物館

【 Rough stone 】

ジェットの原石。石炭と同じ成分ですが、海岸で見つかることから、「黒い琥珀」と呼ばれたことも。

アンモライト

Ammolite

宝石認定されているアンモ
ライトの原石。横幅40cm
以上、重さ約10kgのサイズ
で1500万円相当。

石の特徴

約7000万年前に絶滅した古代生物「アンモナイト」。
1908年、カナダ国立地理考査団はアルバート州のセ
ントメリー川で、オーロラのように輝くアンモナイト
の化石を発見。1970年代、それを宝飾品として扱う
企業が登場。1981年に国際有色宝石協会（CIBJO）に
より新たな宝石に認定され、「AMMOLITE（アンモラ
イト）」の名称がつきました。その名は世界中でもア
ルバータ州のものだけに与えられますが、15〜20年
後には掘り尽くされるといわれ、希少価値がさらに高
まると予想されています。AAA、AA、A、Standard、
Bの5段階のグレードがあり、青・緑・赤の3色が入
りシャープに輝くものにAAAが与えられます。青を
含むものは特に価値が高いです。

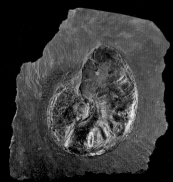

どうやってできたか

石灰分（炭酸カルシウム）を多く含む土壌が7000万年
にわたって、アンモナイトの殻に真珠の成分と同じ炭
酸カルシウム分を沈着。それが厚みのある結晶層をつ
くり上げたことで、遊色効果を示します。繰り返す火
山活動と地殻変動の圧力で厚く成長した殻は、研磨加
工を可能にし、他に類を見ない宝石となりました。

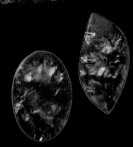

上／母岩がついたままのアンモ
ライト。
下／アンモライトのナチュラル
ルース。磨かれただけでジュエ
リーとして使用できるもの。モ
ース硬度は真珠と同じ4。

アンモライトのさまざまなジュエリー

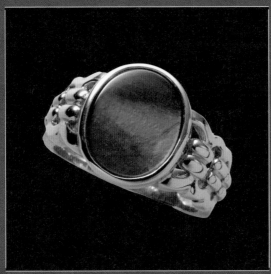

上／青・緑・赤の3色が入り、ヒビが少ない高品質な部分を使ったアンモライトのリング。
下／表面のヒビもアンモライト特有の模様として楽しめるペンダント。こうしたジュエリーに加工する際には、表面に人工スピネルや人工水晶、裏面にマトリックスオパールを貼り3層にすることが多い。

4章

宝石・鉱物の雑学

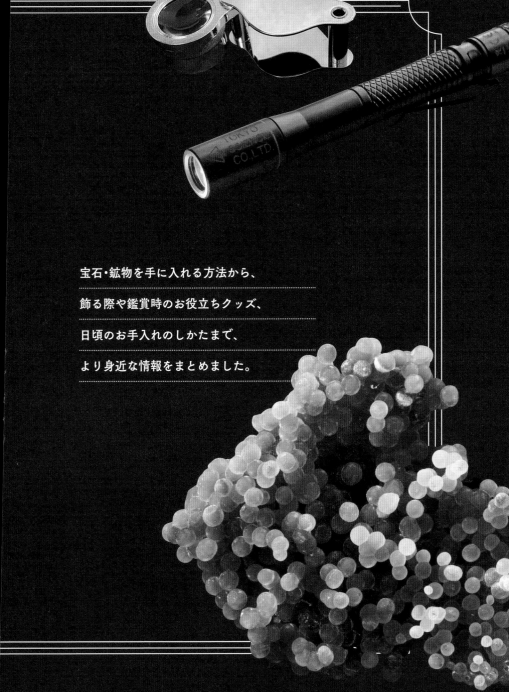

宝石・鉱物を手に入れる方法から、

飾る際や鑑賞時のお役立ちクッズ、

日頃のお手入れのしかたまで、

より身近な情報をまとめました。

宝石・鉱物を手に入れる

初心者ほど、現物を見て選べる、専門店やイベントに
足を運んでみましょう。

□ 宝飾品からコレクター向けまで
宝石・鉱物のお店はさまざま

　宝石、特に宝飾品がほしいときに、まず思いつくのはジュエリーショップでしょう。では、ルースや鉱物標本がほしいときは、どこに行けばいいでしょうか。実は、ルース専門、鉱物標本専門の小売り店は日本全国にあり、実物を見て選びながら購入できます。

　「とにかくいろんな宝石や鉱物がほしい、見てみたい」というときは、東京なら上野・御徒町、大阪なら心斎橋といった地域を訪ねてみるのがおすすめ。これらは、宝飾品、ルース、鉱物標本の各専門店が軒を連ねるエリアなので、原石からアクセサリーの素材、宝飾品まで多くの宝石・鉱物を、1日で見て回ることができます。

ひとくちに鉱物標本といっても、キラキラと輝く石から、自然の力強さを感じるものまでさまざま。石の種類によって楽しむポイントが違うように、専門店も得意分野が異なるので、自分の好みにマッチするお店を見つけるのも楽しみのひとつです。ハンドメイドアクセサリーに向いた、ビーズに加工した石を専門にするお店などもあります。

□ 専門店が一堂に会するイベントは
　初心者にこそおすすめ

　石の専門店が身近にない場合、全国各地で開催される即売イベントもおすすめ。特色の異なるお店や業者が集まるので、石にまつわるさまざまな趣向を一度に味わえるのが魅力です。品質や仕立て方、価格、宝飾品・ルース・鉱物標本などの違いまで、その場で見比べられるので、初心者こそ一度は行ってみましょう。

即売イベントは、宝石・鉱物にまつわる業者が一同に介する場。宝飾品を扱うお店はもちろん、コレクター向けの鉱物標本や、アクセサリー素材の問屋までさまざま。同じ種類の石を多くの中から選ぶこともできるので、初心者もベテランも楽しめるのがイベントの魅力です。写真は、代表的な即売イベント「ミネラルマルシェ」の様子。

出展ブースの裏に、売り場に並べきれなかった石の在庫があることも。同じ種類の石のバリエーション違いをその場で見せてくれることもあります。

宝石・鉱物を手に入れる

□ 事前準備と会場での注意

一度にいろいろなものを見られる即売会イベントは、行くだけでも楽しいもの。一方で、商品数が膨大なので、目的の石が見つかりにくかったり、買ったあとにどうやって持ち帰ろうか悩んだりすることも……。

イベントをより楽しむために、事前に準備できることや、会場で注意すべきことをまとめました。

業者の出展情報をチェックしておく

多くの即売イベントは、WEBサイトで出展業者の情報が事前に公開されます。出展業者の中には、販売予定の商品をWEBサイトやSNSで公開していることもあるので、併せてチェックしましょう。人気の石はすぐに売り切れることもあるので、会場の回り方を事前に計画しておくと安心です。

入手したい石について下調べをしておく

イベント会場では、複数の出展ブースで同じ種類の石がいくつも並んでいることが多々あります。どれを選んだらいいのか悩んで、その場の直感で選んだものの、後々に後悔することも……。目当ての石があるなら、色や結晶の状態、産地など、評価の基準になるポイントを調べておきましょう。

勝手に触ったり勝手に写真を撮ったりしない

商品の取り扱いルールは出展業者によって異なります。自由に手に取って選んでいいブースもあれば、手に取ることはおろか、写真撮影もNGな場合もあります。鉱物標本には、繊細なものや、希少なものも多いので、「手にとっていいか」「写真を撮っていいか」必ず確認するようにしましょう。

大きな荷物を持ち込むのは避ける

イベント会場は通路が狭く、人気の出展ブースにはお客さんがごった返していることもしばしば。リュックなどを背負っていると、振り向きざまに商品にぶつかり破損させてしまう可能性があります。極力大きな荷物の持ち込みは避け、クロークやロッカーの有無も確認しておきましょう。

ルーペやケースを持参しておく

石の品質を見極めるには、細かな観察が大切。出展ブースによってはルーペが置いてありますが、できれば使い慣れたものを持っておきたいです。また、購入後の梱包は出展業者によってまちまちなので、安全に持ち帰るためにフタ付きのケース類があると安心です。

販売ブースで石の情報を聞きラベルの有無も確認する

宝石や鉱物標本は、産地情報などが価値につながります。そういった情報が記載されたラベルが商品ごとに付属するのが一般的ですが、中には売り場に最低限の情報が記載されているだけのことも。商品にラベルが見当たらない場合は、販売者に情報を尋ね、メモを取るようにしておくと安心です。

□ 主な宝石・鉱物イベント

石フリマ

開催場所	宮城・東京・愛知・大阪など各地
開催時期	不定期
URL	http://takama.ne.jp/isi_fleamarket/
取り扱い	鉱物標本が主

コレクター同士の交流も兼ねた、フリーマーケット形式のイベント。景品をかけたじゃんけん大会が恒例となっています。

ミネラルマルシェ

開催場所	東北地方から沖縄まで各地
開催時期	不定期
URL	https://www.mineralshow.net/
取り扱い	鉱物標本・ルース・素材・宝飾品

初心者歓迎を理念とした即売イベント。全国各地さまざまな場所で開催しているので、どの地域に住んでいる人でも足を運びやすいです。

東京国際ミネラルフェア

開催場所	東京（新宿）
開催時期	5月
URL	http://tima.co.jp/
取り扱い	鉱物標本・ルース・素材・宝飾品

日本で1988年から開催されている、国際的な宝石・鉱物イベントで、多いときは30カ国の専門業者が出展。「新宿ショー」の名で親しまれています。

東京ミネラルショー

開催場所	東京（池袋）
開催時期	12月
URL	http://www.tokyomineralshow.com/
取り扱い	鉱物標本・ルースが主

「池袋ショー」とも呼ばれる、国内最大規模の宝石・鉱物イベントのひとつ。多いときでは400を超える専門業者が出展します。

石をきれいに飾って鑑賞するポイント

大切な宝石や鉱物が壊れないように保管して、
見栄えよく飾ったり、鑑賞したり……。
お気に入りの石をもっと楽しむアイテムを紹介します。

台座

石を固定する台座には、石そのものの見栄えを邪魔しない透明なアクリルブロックがよく用いられます。

☐ 見栄えのする台座に固定する

　せっかく気に入って手に入れた石は、きれいに飾って、日常的に楽しめるようにしたいものです。そこで最も気をつけたいのは、転がって壊れてしまわないようにしっかりと固定すること。付け外しができる石専用の固着剤で、アクリルブロックなどの台座にくっつけるだけで、破損のリスクを減らし、見栄えも良くなります。また、台座を使うことで、石を移動する際に台座ごと持てるので、不用意に石そのものを触って壊したり汚したりする心配もなくなります。

宝石・鉱物をもっと楽しむ周辺アイテム

ミネラルタック

石を固定するための専用固着剤。練り消しのようなもので、よく練って柔らかくしてから石を台座に貼り付ければ、しっかりと固定されます。付け外し可能で、くり返し使えます。

ルーペ

10〜20倍程度のものが使いやすいでしょう。レンズの素材にはプラスチック製のものがありますが、クリアな視界で石を観察するなら、ガラス製がおすすめです。

UV（紫外線）ライト

蛍光性のある石を十分に楽しむなら、紫外線を発するUVライトが必須。ペンライト型のものであれば、お店やイベントで石を購入する際に蛍光性を確認するのにも便利です。

Mini Column 01　UVライトの波長によって蛍光具合が違う！

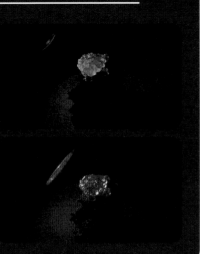

蛍光性があるハイアライトオパール（P.127）に、別々のUVライトを当てた様子。上の写真で緑色に見えるのは紫外線による蛍光ですが、下の写真で紫色に見えるのはライトに含まれる可視光線（目に見える光）の色。つまり、ただ紫色の光が当たっているだけの状態なのです。

これは、紫外線の波長と、含まれる可視光線の違いによるもの。UVライトは製品によって波長に幅があり、うまく蛍光しないものがあります。鉱物の蛍光観察用にUVライトを購入する際は、波長が365nm前後で可視光線をあまり含まないものがよいでしょう。

家庭での
宝石のお手入れ

**大切な宝石の美しさはいつまでも保っていたいもの。
見た目や価値を損なわないように
自分でできるお手入れ方法を把握しておきましょう。**

☐ 身に着けるたびに汗や皮脂を拭く

　身に着ける宝飾品に加工された石は、付着した汗や皮脂が酸化することで、ダメージを受ける恐れがあります。使用後は清潔で柔らかい布を使って拭き上げてから収納することが大切です。

　収納する際も、ホコリが積もらないようにフタ付きのケースを利用しましょう。石同士が接触して傷つけ合うのを避けるために、複数の石や宝飾品をしまう場合は仕切りつきのものが安心です。「石は硬くて丈夫」とは思わず、繊細なものとして扱うべきです。

お手入れのポイントと注意すべきこと

あると便利なお手入れアイテム

①ジュエリー用クロス／セーム革

石を拭く際、ホコリを含むティッシュペーパーなどを使うとキズがつく恐れがあるので、専用に用意したジュエリー用クロスやセーム革などが安心です。また、間違えやすいものとして貴金属用クロスがあります。これらの中には、石にダメージを与える研磨剤や薬品を含む可能性があるので、素材や成分をよく見て選ぶようにしましょう。

②小筆

目に見える大きな汚れや付着物がある場合、そのまま拭き上げると、石の表面を引きずって傷をつけてしまう恐れがあります。できるだけ優しく払い取りたいので、コシの柔らかい小筆があると便利です。

③ブロアー

本体を握ると、先端のノズルから空気を吹き出すブロアー。主にカメラレンズなどの清掃用品として使われていますが、「繊細なものの表面のホコリを吹き飛ばす」という用途は、石にも適しています。

水洗いはちょっとまって！

　汚れがひどい場合、ついつい水で洗ってしまいたくなるもの。しかし、石の中には水に触れると変色したり、ヒビ割れたりする性質を持つものがいくつもあります。処理（P.060）によって染色されている石の場合、処理の方法や品質によっては水につけると色の成分が溶け出してしまうこともあるでしょう。

　このように、石の中にはNG項目（P.224）をもつものがあるので、汚れがひどいからといって無理にお手入れをすると、かえって損傷させてしまうことがあります。拭き上げるだけでは綺麗にできないほど汚れてしまった場合は、石や宝飾品を専門とするクリーニング業者に任せたほうが安心です。

家庭での宝石のお手入れ

☐ お手入れで注意すべき石ごとのNG項目

日常生活の中にもあふれている、宝石や鉱物にとって弱点となる要素。どんなものがあるか、くわしく見てみましょう。

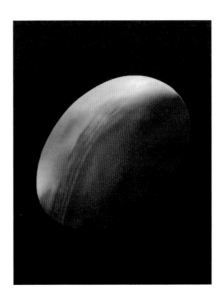

水に弱い石

オパール（P.122）のような多孔質なものや、カルセドニー（P.114）のように結晶の粒が集まった多結晶なもの。これらは水とともに不純物が内部に染み込み、見た目を損なうことがあります。また、人工的に染色されたものは、水によって色が抜け落ちることもあるので注意が必要です。

代表的な石
カルセドニー（P.114）／アゲート（P.116）／
オパール（P.122）／ラピスラズリ（P.158）／
マラカイト（P.193）／ロードクロサイト（P.194）／ほか

乾燥に弱い石

オパール（P.122）が代表的ですが、水分を含む宝石・鉱物は乾燥するとヒビが入ったり変質したりします。特に、日光の熱や熱風で急激に水分が失われると、一気に損傷が進むことも。日光が当たる場所や暖房の風が当たる場所に放置することや、髪を乾かす際のドライヤーなどにも注意が必要です。

代表的な石
オパール（P.122）／ターコイズ（P.182）／ほか

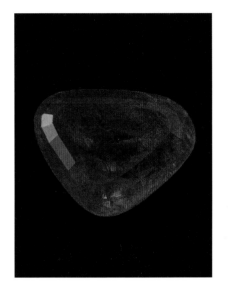

紫外線に弱い石

　日光に含まれる紫外線が宝石・鉱物の色を破壊・変質させることがあります。日常的に身に着ける分には大丈夫なことが多いですが、長時間の紫外線で変色する可能性があるものは多く、その程度に差があります。基本的にどの宝石・鉱物も保管時は日が当たらないようにするべきです。

代表的な石
ローズクオーツ（P.112）／ユークレース（P.137）／ロードナイト（P.156）／シナバー（P.188）／ロードクロサイト（P.194）／ほか

アルコールに弱い石

　水に弱い多孔質・多結晶なものは、アルコールも染み込みやすいので注意が必要です。また、染色されたものやオイルなどでコーティングされたものも、アルコールで成分が染み出し、強度や見た目を損なうことがあります。手指のアルコール消毒をする際、石つきの指輪は外したほうが賢明です。

代表的な石
エメラルド（P.082）／カルセドニー（P.114）／アゲート（P.116）／オパール（P.122）／ラピスラズリ（P.158）／パール（P.204）／ほか

家庭での宝石のお手入れ

スレ・衝撃に弱い石

　宝石の条件に「モース硬度が7以上」とありますが、これは身に着けた際に傷がつきにくいものが望ましいからです。近年の宝飾品にはモース硬度が7を下回る石が使われることも多いので、スレに気をつけましょう。また、モース硬度が高くても、多孔質・多結晶なものやへき開性のあるものは衝撃には弱く、ぶつけると割れることがあります。

代表的な石
ダイヤモンド（P.068）／カルセドニー（P.114）／
アゲート（P.116）／オパール（P122）／
ラピスラズリ（P.158）／フローライト（P.202）／ほか

酸に弱い石

　食酢やレモン汁などの調味料や一部の化粧品には強い酸性のものがあり、石を傷めることがあります。特に、カルサイト（P.194）などの炭酸塩鉱物は酸に溶けやすい性質があるので注意が必要です。身に着ける機会が多いものとして、パール（P.204）や珊瑚（P.208）など、生物由来のものも酸に溶けやすいので気をつけましょう。

代表的な石
マラカイト（P.193）／アズライト（P.193）／
ロードクロサイト（P.194）／カルサイト（P.194）／
パール（P.204）／珊瑚（P.208）／ほか

特に注意して 取り扱うべき石

これまでに挙げた数々のNG項目で、多くに共通して該当するのが、多孔質・多結晶な石や生物由来のもの。3章（P.066〜211）の各宝石・鉱物の解説を参考に、自分が所有しているものが該当しないか確認しましょう。また、エメラルド（P.082）に一般的なオイルや樹脂による処理は、アルコール消毒などで成分が抜け落ちることがあります。購入時に処理の有無を確認するとともに、取扱い上の注意点がないか確認しておくと安心です。お手入れの方法で迷ったときは、自分で判断せず、専門のクリーニング業者を利用しましょう。

オパールなどの多孔質・多結晶な石

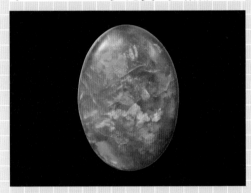

カルセドニー（P.114）、アゲート（P.116）、オパール（P.122）、マラカイト（P.193）、アズライト（P.193）、ロードクロサイト（P.194）など。
構造的に、多孔質なものはスポンジ、多結晶なものはおにぎりのようなもの。そう考えると、弱点が多いのも理解しやすいでしょう。

パール、サンゴなど生物由来のもの

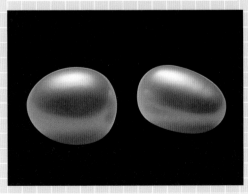

パール（P.204）、珊瑚（P.208）、べっ甲（P.208）、琥珀（P.209）、ジェット（P.209）など。
いずれも多孔質であることが多く、酸の影響も受けやすいです。特にパールは身に着ける機会が多いものなので、汗や皮脂なども気をつけましょう。身に着けた後はていねいに拭き上げてから保管するべきです。

一攫千金を夢見た
宝石ラッシュ

　1800年代にアメリカで起こったゴールドラッシュ。その最中、モンタナ州でサファイアが発見されたことをきっかけに、"サファイアラッシュ"に変わってしまった事件がありました。多くのモンタナサファイアはきれいな色ではありませんでしたが、時計の内部で、回転する軸をつかむ"軸受け"という部品として重宝されたため、多くの人がサファイアを探し求めたようです。

　こうした出来事は、遠い昔の話ばかりではありません。2000年頃にもマダガスカルでサファイアラッシュが起こりました。当時、サファイアは、スリランカやビルマ（現・ミャンマー）などでしか発見されていませんでしたが、マダガスカルの牛飼いの少年が3〜4cmのサファイアを発見したことを皮切りに、サファイアラッシュが起こったのです。現地は、川の流れによってサファイアが寄り集まった「漂砂鉱床」という状態で、一度見つけると続いて発見しやすかったこともあり、多くの人がこのサファイアラッシュに乗じ、マダガスカルまで採掘に行ったようです。

人々は一攫千金を狙って金やサファイアの採掘に勤しんだ。

マダガスカルで起こったサファイアラッシュの様子。

巻末付録

宝飾品やルースに加工するような高品質な

ものや、自然が生み出した個性的な形を持つ

原石など、加工品にはない魅力が詰まった、

さまざまな石を美しい写真でご覧ください。

パキスタン産のピンクトパーズ。鮮やかで透明度が高く、粒が大きい宝石品質の標本です。母岩との対比でより美しく見え、自然の神秘性を感じます。

Pink To

世界三大希少石に数えられるパライバトルマリン。最初に発見された鉱山で採掘されたものはごくわずかです。写真は、その近隣の鉱山で採れたもの。

「ロドクロ」の愛称で呼ばれるロードクロサイト。透明なものはとても希少。不透明なものは、日本では「インカローズ」と呼ばれ、区別されます。

ちりばめられたようにパイライトがキラキラと輝く、こぶし大のフローライト。有名な産地として知られる、モロッコのエルハマム鉱山のもの。

アメシストを母岩に、ドーナツのような姿でそびえるのは、なんとフローライト。インドで採掘される珍しい形状で、近年コレクターの話題となりました。

細かなスティルバイトの群晶と、
すっと上に伸びるように成長し
たアポフィライトの対比が美し
いインド産の標本。

針状の結晶が柔らかな印象の
オーケン石（オケナイト）。近年、
採掘量が減り、徐々に価格が高
騰しています。

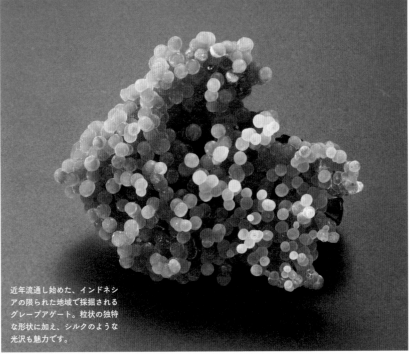

近年流通し始めた、インドネシ
アの限られた地域で採掘される
グレープアゲート。粒状の独特
な形状に加え、シルクのような
光沢も魅力です。

パイライトは鉱物としてはメジ
ャーなものですが、まるで人工
物のような立方体はいつ見ても
驚きを感じさせてくれます。

上面が平らで結晶の形がはっきり
とわかるトルマリン。透明度が高
く色も濃い、高品質な標本です。

モロッコ産のロゼライト。大人
の拳よりも大きな母岩に、まる
でちりばめたようにキラキラと
光る様子は、荘厳な景色を思わ
せます。

パキスタン産のアクアマリン。キラキラと光る母岩のマイカとの組み合わせからは、上品な印象を感じさせます。

イギリスのロジャリー鉱山で採掘された、色が濃く透明度の高いフローライト。すでに閉山しているため、市場に流通している数は限られています。

希少なブルースタイト。硬度が
低い上、光に弱く黒ずんでしま
う繊細な石です。

コンゴ産のダイオプテーズ。割れやすく加工に向きませんが、大きく、クリアな結晶はまれで、原石としての観賞価値が高い石です。

透き通った青空のような色合い
から、「天青石」の和名を持つ
セレスタイト。パワーストーン
としては、浄化や癒やしの象徴
とされます。

魚のしっぽのような結晶が特徴
的なフォスフォフィライト。硬
度が低く加工には向きませんが、
とても希少な鉱物のため、原石
のコレクターに人気です。

Papagoite in Quartz
Messina Mine,
Vhembe District,
Limpopo Province,
South Africa.

南アフリカ産のパパゴアイトインクオーツ。産出される鉱山がすでに閉山しているので、サイズや質を兼ね備えたものはめったに出回りません。

アメシストはクオーツ中の鉄イ
オンによって紫に発色したもの。
写真は、結晶が栗のイガ状に成
長したもので、断面に2つの核
が見えます。

柱状のクリソコラの表面をクオーツが覆い尽くすように成長したもの。芯であるクリソコラが透け、ブルーのクオーツに見えます。

上の写真とは反対に、クオーツの表面を別の鉱物が覆ったもの。写真はレピドクロサイトが皮膜状に覆い、虹色に輝きます。

日本全国　宝石・鉱物スポット

日本全国にある、鉱物や宝石に触れられるスポットを地域ごとに紹介します。
近くの施設や気になった場所に、ぜひ足を運んでみてください。

北海道

● 地図と鉱石の山の手博物館
〒063-0007
北海道札幌市西区山の手7条8-6-1
☎ 011-623-3321

東北

● 久慈琥珀博物館
〒028-0071
岩手県久慈市小久慈町19-156-133
☎ 0194-59-3831

● マリンローズパーク野田玉川
〒028-8202
岩手県九戸郡野田村大字玉川5-104-13
☎ 0194-66-7200

● 秋田県立博物館
〒010-0124
秋田県秋田市金足鳰崎字後山52
☎ 018-873-4121

● 秋田大学大学院国際資源学研究科附属
鉱業博物館
〒010-8502
秋田県秋田市手形字大沢28-2
☎ 018-889-2461

● 小坂町立総合博物館郷土館
〒017-0201
秋田県鹿角郡小坂町小坂字中前田48-1
☎ 0186-29-4726

● 史跡尾去沢鉱山
〒018-5202
秋田県鹿角市尾去沢字獅子沢13-5
☎ 0186-22-0123

山形県立博物館

● 山形県立博物館
〒990-0826
山形県山形市霞城町1-8（霞城公園内）
☎ 023-645-1111

● 東北大学総合学術博物館
〒980-8578
宮城県仙台市青葉区荒巻字青葉6-3
☎ 022-795-6767

● 細倉マインパーク
〒989-5402
宮城県栗原市鶯沢南郷柳沢2-3
☎ 0228-55-3215

● いわき市石炭・化石館 ほるる
〒972-8321
福島県いわき市常磐湯本町向田3-1
☎ 0246-42-3155
※令和6年春まで休館予定

関東

● 地質標本館
〒305-8567
茨城県つくば市東1-1-1
☎ 029-861-3750

● ミュージアムパーク 茨城県自然博物館
〒306-0622
茨城県坂東市大崎700
☎ 0297-38-2000

● 日鉱記念館
〒317-0055
茨城県日立市宮田町3585
☎ 0294-21-8411

● 足尾銅山観光
〒321-1514
栃木県日光市足尾町通洞9-2
☎ 0288-93-3240

● 栃木県立博物館
〒320-0865
栃木県宇都宮市睦町2-2
☎ 028-634-1311

● 埼玉県立自然の博物館
〒369-1305
埼玉県秩父郡長瀞町長瀞1417-1
☎ 0494-66-0404

● 千葉県立中央博物館
〒260-8682
千葉県千葉市中央区青葉町955-2
☎ 043-265-3111

● アンモライトミュージアム
ammolite@canada-business.co.jp
☎ 03-3712-4471

● 国立科学博物館
〒110-8718
東京都台東区上野公園7-20
☎ 050-5541-8600（ハローダイヤル）

● 横須賀市自然・人文博物館
〒238-0016
神奈川県横須賀市深田台95
☎ 046-824-3688

● 平塚市博物館
〒254-0041
神奈川県平塚市浅間町12-41
☎ 0463-33-5111

● 神奈川県立生命の星・地球博物館
〒250-0031
神奈川県小田原市入生田499
☎ 0465-21-1515

中部

● フォッサマグナミュージアム
〒941-0056
新潟県糸魚川市大字一ノ宮1313
☎ 025-553-1880

● 佐渡西三川ゴールドパーク
〒952-0434
新潟県佐渡市西三川835-1
☎ 0259-58-2021

● 富山市科学博物館
〒939-8084
富山県富山市西中野町1-8-31
☎ 076-491-2123

● 小松市立博物館
〒923-0903
石川県小松市丸の内公園町19
☎ 0761-22-0714

● 尾小屋鉱山資料館
〒923-0172
石川県小松市尾小屋町カ1-1
☎ 0761-67-1122

● 福井市自然史博物館
〒918-8006
福井県福井市足羽上町147
☎ 0776-35-2844

● 福井県立恐竜博物館
〒911-8601
福井県勝山市村岡町寺尾51-11
かつやま恐竜の森内
☎ 0779-88-0001

● 山梨宝石博物館
〒401-0301
山梨県南都留郡富士河口湖町船津6713
☎ 0555-73-3246

● 博物館　● 鉱山　● その他スポット

● 甲斐黄金村・湯之奥金山博物館
〒409-2947
山梨県南巨摩郡身延町上之平1787番地先
☎ 0556-36-0015

● 大鹿村中央構造線博物館
〒399-3502
長野県下伊那郡大鹿村大河原988
☎ 0265-39-2205

● ストーンミュージアム 博石館
〒509-8301
岐阜県中津川市蛭川5263-7
☎ 0573-45-2110

● 中津川市鉱物博物館
〒508-0101
岐阜県中津川市苗木639-15
☎ 0573-67-2110

● 瑞浪鉱物展示館
〒509-6121
岐阜県瑞浪市寺河戸町1205
☎ 0572-67-2140

● 土肥金山
〒410-3302
静岡県伊豆市土肥2726
☎ 0558-98-0800

● 奇石博物館
〒418-0111
静岡県富士宮市山宮3670
☎ 0544-58-3830

● とよはしプラネタリウム
豊橋視聴覚教育センター
豊橋市地下資源館
〒441-3147
愛知県豊橋市大岩町字火打坂19-16
☎ 0532-41-3330

● 新城市鳳来寺山自然科学博物館
〒441-1944
愛知県新城市門谷字森脇6
☎ 0536-35-1001

近畿

● ミキモト真珠島
〒517-8511
三重県鳥羽市鳥羽1-7-1
☎ 0599-25-2028

● 高田クリスタルミュージアム
〒610-1132
京都府京都市西京区大原野灰方町172-1
☎ 075-331-0053

● 益富地学会館(石ふしぎ博物館)
〒602-8012
京都府京都市上京区
出水通烏丸西入中出水町394
☎ 075-441-3280

● 大阪市立自然史博物館
〒546-0034
大阪府大阪市東住吉区長居公園1-23
☎ 06-6697-6221

● 玄武洞ミュージアム
〒668-0801
兵庫県豊岡市赤石1362
☎ 0796-23-3821

● 和歌山県立自然博物館
〒642-0001
和歌山県海南市船尾370-1
☎ 073-483-1777

中国

● 鳥取県立博物館
〒680-0011
鳥取県鳥取市東町2-124
☎ 0857-26-8042

● いも代官ミュージアム
（石見銀山資料館）
〒694-0305
島根県大田市大森町ハ51-1
☎ 0854-89-0846

● 石見銀山世界遺産センター
〒694-0305
島根県大田市大森町イ1597-3
☎ 0854-89-0183

● つやま自然のふしぎ館
〒708-0022
岡山県津山市山下98-1
☎ 0868-22-3518

● 山口県立山口博物館
〒753-0073
山口県山口市春日町8-2
☎ 083-922-0294

● 美祢市化石館
〒759-2212
山口県美祢市大嶺町東分315-12
☎ 0837-52-5474

四国

● 妖怪屋敷と石の博物館
〒779-5452
徳島県三好市山城町上名1553-1
☎ 0883-84-1489

● 愛媛県総合科学博物館
〒792-0060
愛媛県新居浜市大生院2133-2
☎ 0897-40-4100

● マイントピア別子
〒792-0846
愛媛県新居浜市立川町707-3
☎ 0897-43-1801

九州

● 北九州市立いのちのたび博物館
〒805-0071
福岡県北九州市八幡東区東田2-4-1
☎ 093-681-1011

● 直方市石炭記念館
〒822-0016
福岡県直方市大字直方692-4
☎ 0949-25-2243

● 鯛生金山
〒877-0302
大分県日田市中津江村合瀬3750
☎ 0973-56-5316

● 日田市立博物館
〒877-0003
大分県日田市上城内町2-6
日田市複合文化施設 AOSE 3階
☎ 0973-22-5394

● 鹿児島県立博物館
〒892-0853
鹿児島県鹿児島市城山町1-1
☎ 099-223-6050

● 鹿児島大学総合研究博物館
〒890-0065
鹿児島県鹿児島市郡元1-21-30
☎ 099-285-8141

索引

ま

執筆・編集	新星出版社 編集部 木内渉太郎、小山まぐま（株式会社KWC）、 鈴木久子
撮影	小林淳、布川航太
デザイン	細山田デザイン事務所
イラスト	真木孝輔
協力	アンモライトミュージアム／株式会社KARATZ／CASTECH Inc. ／キヤノンオプトロン株式会社／久慈琥珀博物館／NPO法人鉱物友の会／株式会社GSTV／株式会社トゥーリーズ／長崎市文化観光部観光政策課／株式会社日独宝石研究所／株式会社NEW ART HOLDINGS／プリモ・ジャパン株式会社／ミキモト真珠島／株式会社ミネラルマルシェ／ラザール・キャプラン・ジャパン・インク／株式会社ワールドコーラル（五十音順）
参考文献	『学研の図鑑 美しい鉱物』松原聰（学研プラス） 『補強改訂フィールドベスト図鑑 日本の鉱物』松原聰（学研プラス） 『天然石のエンサイクロペディア』飯田孝一（亥辰舎） 『天然石がわかる本(上・下巻)』飯田孝一（マリア書房） 『水晶がわかる本 水晶不思議図鑑』飯田孝一（マリア書房） 『見ながら学習 調べてなっとく ずかん 宝石』飯田孝一（技術評論社） 『プロが教える 鉱物・宝石のすべてがわかる本』下林典正／石橋隆（ナツメ社） 『価値がわかる 宝石図鑑』諏訪恭一（ナツメ社） 『起源がわかる 宝石大全』諏訪恭一／門馬綱一／西本昌司／宮脇律郎（ナツメ社）

本書に掲載している情報は、2023年7月現在のものです。

本書の内容に関するお問い合わせは、**書名、発行年月日、該当ページを明記の上、**書面、FAX、お問い合わせフォームにて、当社編集部宛にお送りください。**電話によるお問い合わせはお受けしておりません。**また、本書の範囲を超えるご質問等にもお答えできませんので、あらかじめご了承ください。

　FAX：03-3831-0902

　お問い合わせフォーム：https://www.shin-sei.co.jp/np/contact-form3.html

落丁・乱丁のあった場合は、送料当社負担でお取替えいたします。当社営業部宛にお送りください。

本書の複写、複製を希望される場合は、そのつど事前に、出版者著作権管理機構（電話：03-5244-5088、FAX：03-5244-5089、e-mail：info@jcopy.or.jp）の許諾を得てください。

JCOPY ＜出版者著作権管理機構 委託出版物＞

知りたいことがすべてわかる
宝石・鉱物図鑑

2023年9月15日　初版発行
2024年4月15日　第2刷発行

編　者	新星出版社編集部
発行者	富永靖弘
印刷所	公和印刷株式会社

発行所　東京都台東区台東2丁目24　株式会社 **新星出版社**
〒110-0016　☎03(3831)0743

Ⓒ SHINSEI Publishing Co., Ltd.　　Printed in Japan

ISBN978-4-405-10818-9